図説

渥美半島

地形・地質とくらし

伊良湖岬上空から見た渥美半島（田原市役所提供）

Contents もくじ

I 秩父帯の山地
1. 渥美半島の骨格をつくる中央構造線に沿って並ぶ山地 …………………… 02
   ・曲隆運動の影響を受けた渥美半島の台地 …………………… 03
2. プレートテクトニクスと渥美半島の山地の岩石 …………………… 04

II 地層と地形
3. 渥美半島東部の海食崖に見られる渥美層群 …………………… 06
4. 天竜川から供給された渥美半島の砂礫 …………………… 08
5. 過去の海水準の変動が記録された渥美半島の地形と地質 …………………… 10
   ・海水準の変動と渥美半島の地形面の形成 …………………… 11
6. 南高北低・東高西低の傾きをもつ天伯原面 …………………… 12
   ・天伯原面の傾きを利用した豊川用水 …………………… 13
7. 渥美半島の農業を発展させた豊川用水事業の推移 …………………… 14
8. 表浜集落の井戸とタタキの分布と渥美層群の泥層 …………………… 16
9. 渥美半島の東と西で異なる福江面 …………………… 18
   ・半島東部の福江面の先端部から産出する高師小僧 …………………… 19
10. 渥美古窯跡群の分布と福江面の開析谷 …………………… 20
11. 渥美半島先端に存在する淡水レンズ …………………… 22

III 海岸地形
12. 渥美半島太平洋岸の海岸侵食 …………………… 24
13. 渥美半島東部の海岸地形 …………………… 26
14. 太平洋岸の海岸侵食を再検討 …………………… 28
15. 和地町土田海岸にある球状の海浜礫 …………………… 30
    ・赤羽根漁港沖の海底にある「高松ノ島」 …………………… 31
16. 神島で見つけた天竜川系の海浜礫 …………………… 32
17. 神島で見つけた天竜川系の海浜礫の謎に迫る …………………… 34

IV 地形・地質とくらし
18. ボーリングデータからわかる渥美半島の地震被害 …………………… 36
19. 古文書に見られる宝永地震の表浜集落の津波被害と海食崖との関係 …………………… 38
20. 渥美半島の地形と耕地整理との関わり …………………… 40
21. 伊能大図に描かれた水中洲と田原湾の干潟 …………………… 42

はじめに

　眼下に広がる太平洋の大海原、広い砂浜とそびえ立つような断崖がどこまでも続く海岸線。これは、表浜で生まれ育った私にとって、心に残る昭和30年代のふるさとの風景でもあります。

　東西に細長い渥美半島。この半島の形はどのようにして生まれたのか。そして、この半島の台地の上で営まれてきた人々のくらしと、どのように関わってきたのだろうか。

　1976年、迷うことなく『渥美半島東部地域の地形発達史』を研究主題に選んで卒業論文に取り組んで以来、現在に至るまでずっと抱き続けてきた私の研究テーマです。教師として渥美郡内に勤めるかたわら渥美半島におけるさまざまな事象に目を向けてきました。40年余りのそうした取り組みの中から、下に記すような興味深いさまざまな発見がありました。
- 渥美半島特有の東高西低の地形がなければ、豊川用水は先端まで流れなかった。
- 表浜では多くの集落がタタキの雨水に依存し、井戸は海食崖の泥層に深く関わっていた。
- 高師小僧の産出地と渥美古窯の窯跡は、12.5万年前にできた台地と深い関係にある。
- 渥美半島の先端部には豊富な淡水層があり、国内でも報告例の少ない淡水レンズが存在する。
- 年間1mといわれてきた太平洋岸の海岸侵食を再検討すると、意外な結果が見えてきた。
- 神島の海岸には天竜川系の硬砂岩がたくさん混在、独自の知見でこの謎に迫る。
- 渥美半島の過去の地震被害の違いは、ボーリングデータをもとに分析すると明確になる。
- 宝永地震(1707年)の津波被害が豊橋市と田原市では異なり、海食崖の違いに起因する。

さらに、渥美半島の地形の成り立ちは、次の4つの要因でほとんど説明できます。
1. 中央構造線に沿って東西に並ぶ渥美半島の山地
2. 天竜川から運ばれた砂礫からできた渥美半島の台地
3. 半島の基部を中心に隆起し続ける渥美曲隆運動
4. 海水準の変動により渥美半島の地層や地形面が形成

　本書では、まず4つの要因を中心に現在までの渥美半島の地形発達史について、私見も加えながら解説します。つぎに渥美半島の台地の上で営まれてきた人々の生活について、地形・地質の視点からボーリングデータ(田原市役所等から提供)も加えて、独自の角度から解明していきたいと考えています。

　なお本書は、渥美半島の成り立ちとくらしとの関わりについて、渥美半島に住む多くの人たちに知っていただくことを目的としています。できる限り地図やカラー写真を入れてビジュアル化し、地元の方々に向けたダイジェスト版として作成いたしました。見開き2ページに1テーマを載せてありますので、興味のある所から読み進めていただくこともできます。

　渥美半島について楽しみながら再認識していただければ、何よりの幸いです。また本書をお読みいただいた方々から渥美半島に関する疑問や情報をいただければとも願っています。

　渥美半島をもっと知りたい方は、インターネットで『地理院地図』を検索すると、国土地理院の地形図だけでなく各年代の空中写真、色別標高図、土地条件図などの情報、距離計測や断面図の作成機能、各地点の標高が0.1m単位で示されるなど、地形に関するさまざまデータが入手できます。さらに『地質図Navi』を検索すると、産総研の「20万分の1シームレス地質図」が表示され、「5万分の1地質図幅」から「豊橋及び田原」「伊良湖岬」、渥美半島の地形・地質を詳細に解説した「図幅説明書」がダウンロードできます。本書を読まれて渥美半島の地形や地質に興味を持たれた方は、ぜひ検索してみてください。

　平成31年1月

　　　　　　　　　　　　藤城　信幸

Ⅰ 秩父帯の山地

1. 渥美半島の骨格をつくる中央構造線に沿って並ぶ山地

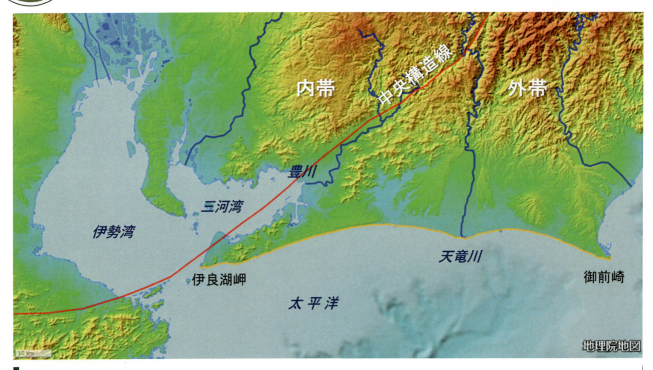

渥美半島の概要(『地理院地図』から作成)　愛知県の南東部にある渥美半島は、東西に細長くのびた半島である。渥美半島の北側には三河湾があり、湾内に豊川が流れ込んでいる。地図中の赤色の線は、西南日本を縦断する中央構造線であり、長野県の諏訪湖から九州まで達する。中央構造線は豊川から渥美半島の北側を通り、伊勢方面へと続いている。中央構造線の北側が内帯、南側が外帯と呼ばれる。

オレンジ色の海岸線は、御前崎から伊良湖岬までの東西110kmの「遠州灘」であり、天竜川河口から東西に緩やかな2つの弧を描くように海岸線がのびている。浜名湖西岸から伊良湖岬までの55kmの海岸線は「表浜」とも呼ばれる。

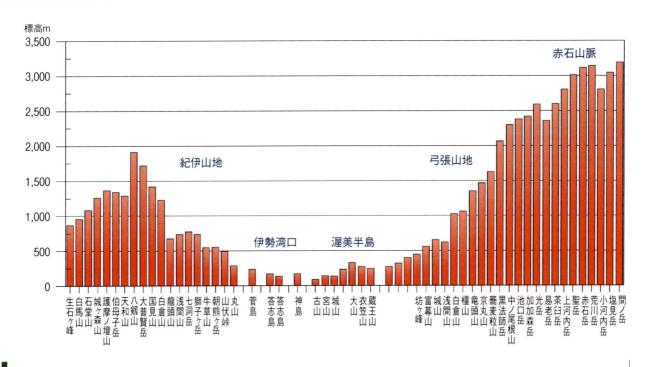

中央構造線外帯にある山地の標高変化　渥美半島の骨格にあたる蔵王山（標高250m）や大山（328m）などの200〜300mほどの山地は、中央構造線の外帯に位置する。上図のように、外帯側の山地は赤石山脈の標高3,000m級の峰々から南下し弓張山地へと続き、その延長線上に渥美半島がある。さらに、伊勢湾口に浮かぶ神島や答志島、標高1,500mほどの紀伊山地へと続く。渥美半島は外帯に沿って東西方向に連なる山地の一部にあたる。

曲隆運動の影響を受けた渥美半島の台地

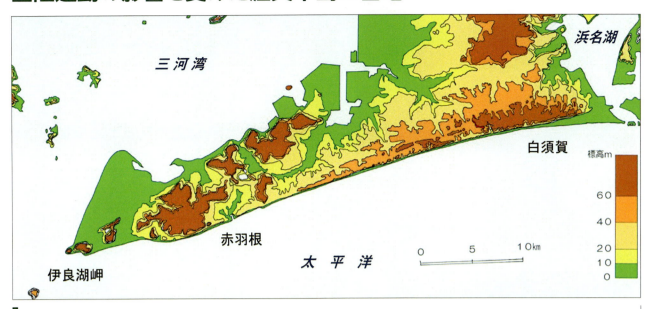

渥美半島の等高線図　渥美半島の山地は西部に集まり、東部には台地が広がる。東部の台地は南の太平洋岸が高く、北の三河湾に向かって低下する。半島基部の台地の標高は80mにもなり、西に向かって少しずつ低下している。これは静岡県白須賀付近を中心にドーム状に地盤が隆起する「渥美曲隆運動」の影響を受けたためである。その後の海岸侵食によって太平洋岸が流失したため、高さ65〜10mの海食崖が東から西へ続いている。南高北低の地形のために分水嶺が太平洋岸に連続し、渥美半島に降った雨の大部分が小河川により北の三河湾に流入する。三方を山地で囲まれた赤羽根の池尻川だけが、赤羽根漁港から南の太平洋へ流れ出ている。

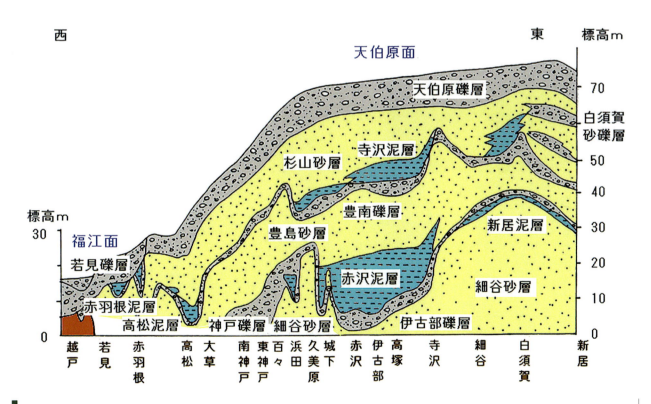

渥美半島東部地域の太平洋岸の地質断面図（杉山1991から作成）

　上図は、太平洋岸に連続する海食崖に見られる「渥美層群」と呼ばれる地層の堆積状況を示している。渥美層群も渥美曲隆運動の影響を受け、東の白須賀付近が標高80mと最も高く、西の越戸に向かって地層全体が少しずつ傾く。渥美層群の最上部には天伯原礫層がのる。渥美層群の地層は下から礫層−泥層−砂層が繰り返し堆積している。最下位の細谷砂層は70万年前に堆積したといわれ、これより下の地層はこれまで報告されていない。

I 秩父帯の山地

2. プレートテクトニクスと渥美半島の山地の岩石

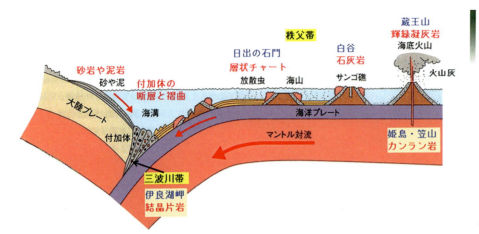

プレートテクトニクスの模式図
　日本列島の外帯は海底火山やサンゴ礁、海洋底に堆積したプランクトンの殻が海洋プレートの移動とともに海溝部に運ばれ、大陸プレートの下に沈み込む時に剥ぎ取られ、大陸側の砂岩や泥岩と混在しながら付け加わってできた岩石がもとになってできている。渥美半島の山地や海岸では、1.5億年以上も前に付加して形成された岩石類が観察できる。

姫島や笠山のカンラン岩・蛇紋岩
　姫島や笠山にある青緑色のカンラン岩は、海底火山をつくった古生代の火山岩である。マントル上部を構成する鉄を含んでいるので重くて、強力なネオジム磁石が引きつけられる。
　青緑色の蛇紋岩は、大陸プレートの下に沈み込んだカンラン岩が高圧と海洋プレート中にしみ込んだ水の作用によってつくられた。

蔵王山の北麓の輝緑凝灰岩
　海底火山から噴出した火山灰が固まってできた古生代の堆積岩で、暗暗緑色や赤褐色をしている。

白谷の田原鉱山の石灰岩
　サンゴやフズリナなどの海生生物の遺体が集まった炭酸カルシウムを主成分とする灰白色の堆積岩である。田原鉱山の石灰岩はセメントの原料として採掘されていた。ベンチカットによる採掘が進み、現在では露天掘りの穴が海抜-35mにまで達している。

大正時代に発見された白谷の大鍾乳洞
　大正9年（1920）に白谷にあった石灰岩の採掘現場で大きな鍾乳洞が偶然発見され「白雲洞」と名づけられた。最大の洞窟が長さ64m、高さ36mもあった。鉱山開発により破壊されたが、その一部にあたる鍾乳石が白谷公民館正門の両側に展示されている。

（山田幸宏氏提供）

左：白雲洞
右：白谷公民館にある鍾乳石

日出の石門

日出の石門や一色の磯のチャート
　チャートは渥美半島の山地や磯浜などに多く見られる。約2億年前に放散虫などの殻がはるか南方の海洋底に堆積してできた層状の堆積岩で、二酸化ケイ素（石英）からできている。非常に緻密で硬いので、矢じりや火打ち石にも使われた。

日出の石門の層状チャートの褶曲や断層
　海洋プレートの移動とともに南方から海溝まで運ばれてきた層状チャートは、海溝部で地滑りや強い圧力により褶曲や断層を生じた。日出の石門の海食洞は、断層でもろくなった破砕帯の部分が波浪侵食により洞窟のように開けられたものである。

恋路ヶ浜で見られる付加体
　海洋底に堆積した古生代のチャートと大陸から運ばれた中生代の砂岩や泥岩が海溝部で混じり合ってできた付加体の岩石が、恋路ヶ浜の西側で観察できる。左の写真では、ねじ曲がったり断ち切られたりした白色のチャートがブロック状に泥岩の中に取り込まれている。

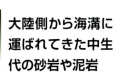
大陸側から海溝に運ばれてきた中生代の砂岩や泥岩

泥質片岩（宇津江町）

蔵王山の西麓や宇津江の山中の泥岩（写真左）
　泥岩は泥が固まった黒色の堆積岩で、圧力変成を受けると固く緻密になり、板状に割れやすい粘板岩や千枚岩になる。良質な粘板岩は硯石などに加工される。

和地海岸の砂岩（写真右）
　砂岩は砂粒が固まってできた堆積岩である。和地海岸では、風化作用を受けて表面に蜂の巣のような穴が空いた砂岩の「蜂の巣風化」が観察できる。

伊良湖岬北岸 砂質片岩

　付加体の一部の岩石が海洋プレートとともに沈み込み、大陸プレートの下で高い圧力により三波川変成岩になった。
伊良湖岬灯台の北側の三波川変成岩類（写真左：砂質片岩と中央：珪質片岩）
　1.6～0.6億年前に海洋プレートとともに地下深くまで引きずり込まれ、強い圧力でできた低温高圧型の三波川帯の結晶片岩が中央構造線に接するように分布する。伊良湖岬灯台の北側では、砂岩やチャートが変成作用を受けてできた砂質片岩や珪質片岩が見られる。

伊良湖岬灯台付近の緑色片岩（写真右）
　灯台付近では、古生代の海底火山を起源とする玄武岩、輝緑凝灰岩が変成作用を受けてできた緑色片岩が見られる。

II 地層と地形

3. 渥美半島東部の海食崖に見られる渥美層群

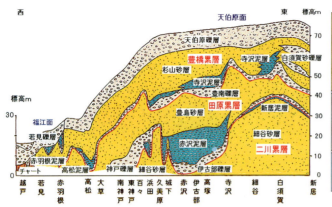

渥美層群の層序

海食崖の渥美層群は、上から豊橋累層・田原累層・二川累層の3つに分けられる。層序から過去35～70万年の間に3度の海進・海退を繰り返して形成されたことがわかる。

東神戸海岸の赤土層と天伯原礫層

天竜川系の硬砂岩の海浜礫からなる天伯原礫層は、渥美層群の最上位を占め、天伯原面の原面を形成する。礫層の厚さは5mほどで水平方向の層理が明瞭である。上位に厚さ2～5mの赤土層（風成土壌）が重なる。下位は黄色細砂（マミ砂）からなる杉山砂層に移り変わる。

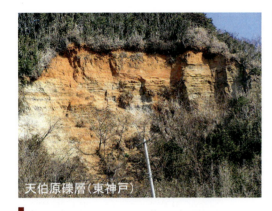

天伯原礫層（東神戸）

伊古部海岸の豊島砂層と赤沢泥層

伊古部海岸では、上から豊島砂層－赤沢泥層－伊古部礫層が見られる。赤沢泥層からは内湾性の貝や木の葉の化石が産出する。伊古部礫層には、天竜川系の硬砂岩の海浜礫とやや角張ってさまざまな形をした豊川系の火山岩（安山岩や流紋岩）の河床礫が混在している。

伊古部海岸の海食崖

高塚海岸では伊古部礫層と七根砂質泥層の境目から湧水

護岸工事で覆われる前の高塚海岸の崖下では、写真のように伊古部礫層と黒色の七根砂質泥層の境目から地下水が滝のように湧き出していた。地引き網が盛んだった頃には、表浜の漁師がこの泉の水を飲みに立ち寄ったと伝えられている。現在でも塩ビパイプから地下水が勢いよく湧き出している様子が観察できる。

高塚海岸の伊古部礫層と七根砂質泥層

西浜田海岸の海食崖に見られる火山灰層

六連町西浜田海岸では、駐車場西側の崖の4～5mほどの高さに石灰の白いラインを引いたような厚さ10cmあまりの火山灰の層が見られる。よく見ると火山灰層は東側の崖にも続いていることがわかる。

40万年前の六甲山西麓の高塚山火山灰に対比されているが、古い時代の火山灰であるため粘土状に風化している。

久美原海岸の赤沢泥層に含まれる化石

　久美原海岸では、灰白色をした赤沢泥層や砂層と泥層の斜交層理、柔らかなマミ砂からできた豊島砂層が雨で縦縞模様に削られた雨裂が観察できる。泥層から転がり落ちた粘土の塊を横からハンマーでたたくと、写真のように割れ口から貝や木の葉の化石がたくさん産出した。現在は護岸工事のため採集できなくなった。上部の豊島砂層との境目からしみ出した地下水が赤沢泥層を濡らしていることもある。

久美原海岸の貝化石

久美原海岸の木の葉の化石

東神戸海岸の神戸礫層に見られる斜交層理

　南神戸―東神戸海岸の神戸礫層は、天竜川系の硬砂岩やチャートの海浜礫からなる。東神戸海岸では、厚さが12mほどの神戸礫層の中に西に向かって10〜20°で傾く斜交層理が見られる。上部には水平に堆積した厚さ2〜3mの砂礫層が重なり、その上は豊島砂層になる。

東ヶ谷海岸の斜交層理

高松海岸の泥層

高松海岸の貝化石

高松海岸の貝化石泥層

　貝化石を多く含む高松泥層は、標高11m付近にまで堆積し、下からカガミガイ層、オオノガイ層、ヤツシロガイ層の3層に分けられる。40万年前に海水準が上昇していき、内湾の汽水域から干潟へ、さらに外洋へと堆積環境が変化していったことが、貝化石の種類の変化からわかる。

ボーリングデータから渥美層群下部に新たな礫層を確認

　昭和50年代から豊川用水の渇水対策として当時の田原町土地改良区が補助水源の深井戸を掘った。田原市六連町久美原―百々の5本のボーリングデータから標高-40〜-70m付近にこれまで報告されていない二川累層以深に存在する礫層が新たに確認できた。
　さらに、西神戸―百々―谷熊の5本のボーリングデータからは、標高-20〜-70mに岩盤が存在することも確認できた。

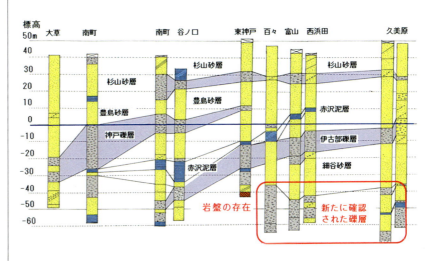

II 地層と地形

4. 天竜川から供給された渥美半島の砂礫

太平洋岸の海浜礫を分類

高松海岸で砂浜にある礫を分類すると、おおよそA～Dのようになった。AとCは丸くて平らな硬砂岩、Bは赤いチャートでいずれも海浜礫にあたる。Dはさまざまな形をした火成岩（安山岩や流紋岩）である。同じ硬砂岩でも黄灰白色のCは表面が風化してざらざらしており、海食崖にも見られる。

これらの礫はどこから渥美半島の砂浜に供給されたのだろうか。

渥美半島と天竜川の礫

左の写真が渥美半島先端の西ノ浜の海浜礫、右が天竜川下流の河床礫である。大きさや形は違うが、どちらも暗灰色をした硬砂岩を主体としている。

渥美半島の海浜礫と天竜川の河床礫のつながりは、下のグラフを見るとよくわかる。

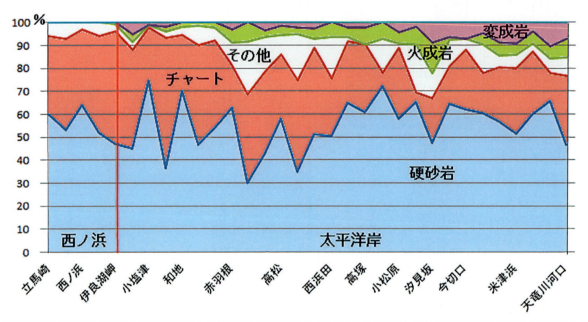

天竜川河口―渥美半島西ノ浜における前浜の海浜礫の構成比（山内1967,71から作成）

上のグラフから、渥美半島太平洋岸の海浜礫が硬砂岩6割とチャート3割ほどで構成されていることがわかる。変成岩と火成岩も1割ほど含まれる。天竜川河口からは西向きの沿岸流が渥美半島の海岸線に沿って流れている。沿岸流によって長い年月をかけて伊良湖岬まで運ばれてきた硬砂岩やチャートは、寄せては返す波によって砂浜の上を行ったり来たりしながら削られて、次第に丸く平らな形をした海浜礫に変わっていった。

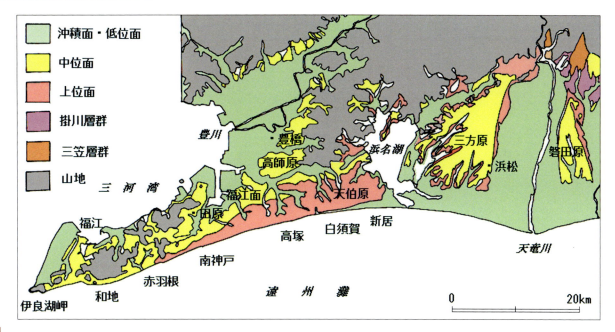

下流まで扇状地が広がる天竜川（『地質図ナビ』から作成）

　天竜川は諏訪湖を源流とし、中流に伊那盆地や天竜峡、下流に磐田原や三方原の隆起扇状地を形成する長さ213kmの大河である。ほぼ同規模の木曽川が伊勢湾（内湾）に広大な濃尾平野を形成したのに対し、天竜川は扇状地が河口付近まで広がっている。

　天竜川上流には中央構造線などの多くの断層が走り、さらに木曽・赤石両山脈の急峻で崩落しやすい山岳に挟まれた流域を流れるため、天竜川によって大量の砂礫が下流の遠州灘（外洋）に供給され続けた。天竜川の大量の砂礫が沿岸流によって運ばれてできた遠州灘の海岸線は、天竜川河口から東西に緩やかなカーブを描きながら御前崎と伊良湖岬まで発達している。

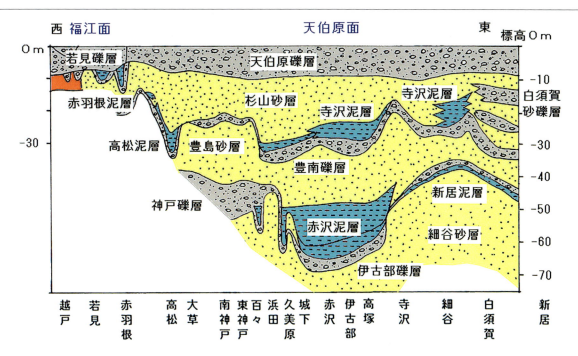

天伯原面の原面を水平にしたときの渥美層群の堆積状況（杉山1991から作成）

　35万年前に天伯原面が形成された当時の渥美層群の傾きを水平にして再現すると、久美原－寺沢間に上下2段の谷地形の跡が確認できる。基底礫層にあたる豊南礫層と伊古部礫層の中には豊川系の火成岩の河床礫（亜円〜亜角礫）が多く含まれる。渥美層群内に残るこの2つの埋没谷は、過去の2度の海進期に豊川により削られたものである。2つの基底礫層上部にある寺沢泥層と赤沢泥層は、谷部を埋めるように堆積した泥層であると考えられる。

　海食崖中の豊南礫層や伊古部礫層が海岸侵食されると、海食崖の中にあった豊川系の火成岩（流紋岩や安山岩）の亜角礫（河床礫）が、天竜川系の硬砂岩やチャートの海浜礫の中に混在していくことになる。

Ⅱ 地層と地形

5. 過去の海水準の変動が記録された渥美半島の地形と地質

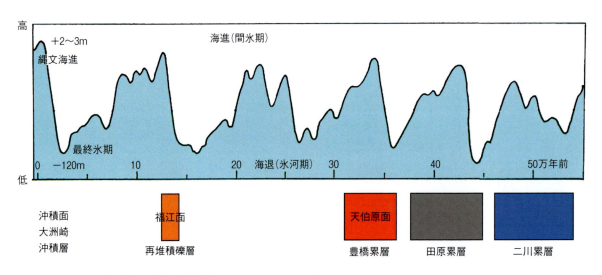

海水準の変化と渥美半島の地形発達史（杉山1991から作成）

　地球はおよそ10～12万年周期で温かい間氷期（海進）と寒い氷河期（海退）の気候変動を繰り返している。渥美層群中の二川累層・田原累層・豊橋累層は70～35万年前に起きた3度の海進・海退により形成された。最上部の天伯原礫層と天伯原面は35万年前の海進期の地層と堆積面である。12.5万年前の海進期に福江面と高師原面の中位面が形成された。2万年前の最終氷期には海水準が120mも低下した。伊良湖水道に残されている深さ110mの海底谷は、太平洋へ流れていた河川が下刻した谷である。2万年前からは気温が急速に上昇し始め、6000年前には海水準が現在よりも2～3mほど高くなった。この縄文海進以降に沖積面が形成された。

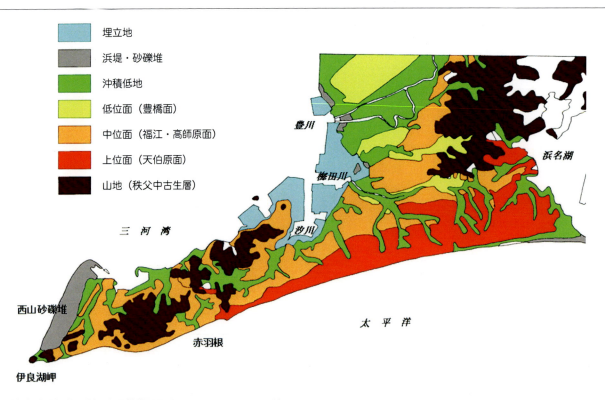

渥美半島周辺の地形面分類図（『地質図ナビ』から作成）

　上位面にあたる天伯原面は渥美半島東部の太平洋岸に分布し、西端は赤羽根東と芦ヶ池南まで達している。中位面は東部では三河湾側にだけ分布し、梅田川北の高師原面と南の福江面に分けられる。西部の福江面は島状に東西に並ぶ山地の周りを埋めるように分布している。
　縄文海進で豊川や梅田川、汐川などの下流部に沖積低地が形成された。同じ時期に渥美半島先端部に西山砂礫堆が形成された。田原湾の沿岸には干拓新田と工業用造成地が見られる。

海水準の変動と渥美半島の地形面の形成

現在残っている地形面をもとに、渥美半島の海進期における地形面の成り立ちを説明すると、おおよそ次のようになる。

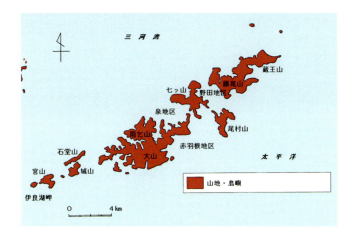

70万年以前の海進期の渥美半島

中央構造線に沿って東から西へ、蔵王山・藤尾山、七ッ山、尾村山、大山・雨乞山、石堂山・城山、宮山・古山からなる島々が並び、伊勢湾口に並ぶ神島・答志島・菅島へと連なっていた。

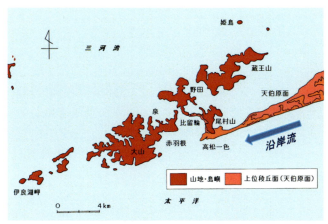

35万年前の海進で天伯原面が形成

天竜川方面から西向きの沿岸流によって砂礫が運ばれ続け、渥美層群が形成された。このため、渥美半島東部では海成の砂礫層が卓越する。

天伯原面は半島南東部の太平洋岸にだけ分布する。高松一色の尾村山までのびた天伯原面の先端部は、芦ヶ池南に比留輪原台地を形成した。天伯原の原面は赤土層と海浜礫層（天伯原礫層）からなる。

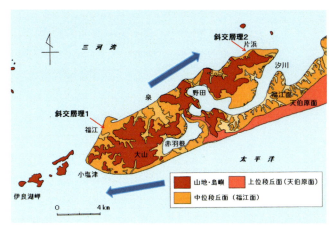

12.5万年前の海進で福江面が形成

渥美半島東部では、12.5万年前の海進によって上位の天伯原面が侵食され、砂礫や表土が内湾部に再び堆積し福江面が形成された。西部では島状に点在する山地塊の周りに、沿岸流で運ばれてきた海浜礫が堆積し、西部の福江面が形成された。

日留輪原台地で閉ざされた野田地区と赤羽根地区の凹地に、海水準の上昇に伴い海水が侵入し2つの潟湖ができた。（斜交層理1,2は、18ページ参照）

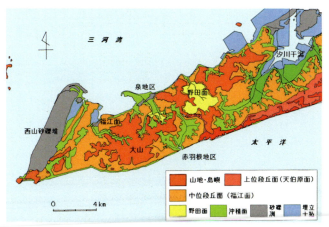

現在の地形面分類図を見る

6000年前の縄文海進で、汐川流域から田原湾一帯に沖積低地が形成された。沖積低地には砂泥が堆積したため軟弱地盤になった。一方、先端の西山砂礫堆は天竜川系の海浜礫が厚く堆積した。

山地に囲まれた野田潟湖には、植物遺体を含む泥層が厚く堆積し、軟弱な野田面を形成した。田原湾一帯は開発により干拓新田や臨海工業用地に変わった。

II 地層と地形

6. 南高北低・東高西低の傾きをもつ天伯原面

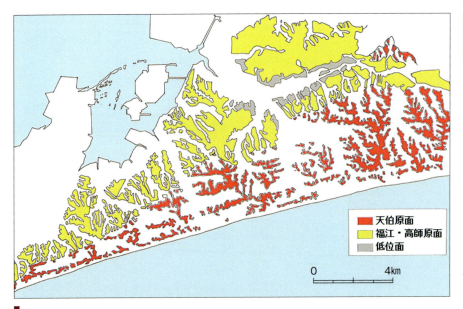

【解説】
　海岸平野では、緩やかな弧状の海岸線に平行するように浜堤列と後背湿地が対になって分布する。これらは遠浅の海底に2〜3列の沿岸州や浜堤が海岸線に平行して細長く形成されたものである。地盤の隆起や海水準の低下によって離水すると、浜堤列と後背（堤間）湿地をもつ海岸平野が形成される。

天伯原面は海岸平野として形成された（福井1977から）

　渥美半島東部の天伯原面を見ると、4〜5列の原面と開析谷が対になり海岸線に平行するように東西方向に並ぶ。一方、福江面の開析谷は三河湾に向かって南から北へ発達することに気づいた。35万年前の海進期に西向きの沿岸流で運ばれてきた天竜川の砂礫が遠浅の海底に堆積して海岸平野ができ、その後の海退や渥美曲隆運動により現在の天伯原面になったのではないかと考えた。それは、次のような発達過程からも説明できる。

　東から沿岸流で運ばれた天竜川の砂礫が、当初は二川の山地に向けて南から北へ堆積した。二川の山脚部まで埋め尽くすと、砂礫は堆積の方向を西に変えた。東から西へ細長くのびる浜堤列が北から南へ段階的に形成されて、浜堤間に後背湿地が形成された。その後、海岸平野の地盤が渥美曲隆運動によって隆起するとともに、浜堤列が天伯原面の原面、堤間湿地が下方侵食を受け東西にのびる開析谷になった。

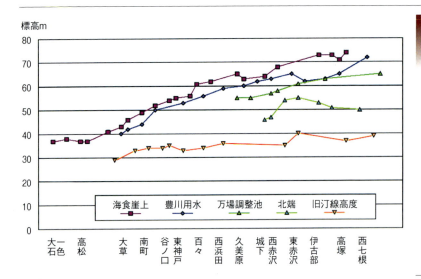

西に向かって傾く天伯原面の原面

　天伯原面の原面は、渥美曲隆運動の影響を受け4列とも東から西へ傾く。南から海食崖上、豊川用水幹線水路、万場調整池南、北端の順に天伯原面の標高は南から北へ段階的に低下する。12.5万年前の海進期に形成された旧汀線高度は40〜30m内で緩やかに低下しており、35万年前に形成された上位の天伯原面の方が、渥美曲隆運動の影響を強く受けていることもわかった。

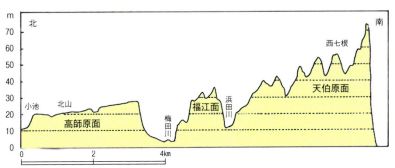

北に向かって傾く3つの段丘面

　南の西七根海岸から北の豊橋市街地までの地形断面図を作成した。天伯原面が標高70〜40m、福江面が40〜30m、梅田川をはさんだ高師原面が30〜20mと南から北へ段階的に傾斜していることがわかる。

天伯原面の傾きを利用した豊川用水

太平洋岸を通る豊川用水
(『Googleマップ』から作成)

　青色の線は六連－東神戸を通る豊川用水幹線水路の位置を示す。豊川用水が海食崖のすぐ近くを流れていることに気づく。幹線水路付近からは幾筋もの開析谷が手前の三河湾に向かってのびる。豊川用水は東高西低、南高北低の渥美半島特有の台地の傾きを利用し、自然流下をさせながら渥美半島全域に水を供給しているのである。

渥美半島の地形と豊川用水の流路 (『地理院地図』から作成)

　地図の青色の線が豊川用水の開水路、赤色の線がトンネルとサイホンを示す。

　豊川用水は半島東部の東細谷－高松の間は太平洋岸に沿うように天伯原面の上を開水路とサイホンにより通水し、高松以西は山麓部や山中にトンネルを通し先端の初立ダムまで高低差をつけて自然流下するように設計されている。

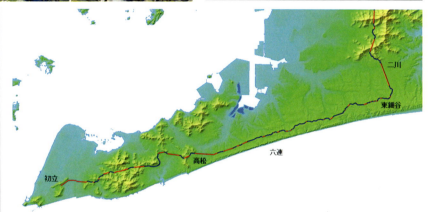

天伯原面の原面の上を東から西へ流れる豊川用水
(『地理院地図』の断面図を使って作成)

　東部幹線水路は長さ2.8kmの二川サイホン出口の東細谷（標高59m）からは、渥美曲隆運動により東高西低になっている天伯原面の傾きを利用して、大草東（43m）までの24.6kmを開水路とサイホンを使って用水を自然流下させている。この間の平均勾配率は1kmあたり0.7mである。大草から西は天伯原面が消失するため、大草（標高43m）－高松の大正池（標高41m）間の2.7kmについては、地中にサイホンを通して送水している。

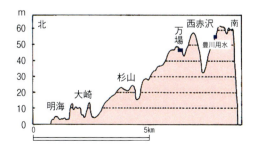

南高北低の地形を生かして三河湾岸まで通水
　渥美曲隆運動と海岸侵食により渥美半島の分水嶺は、太平洋岸の海食崖上に連続する。渥美半島に降った雨は開析谷を流れ三河湾に流れ込む。上の南北方向の地形断面図のように、太平洋岸の分水嶺の北側を通る幹線水路からの支線も、南高北低の地形の傾きを利用して自然流下によって三河湾側の耕地に灌漑用水を供給しているのである。

Ⅱ 地層と地形

7. 渥美半島の農業を発展させた豊川用水事業の推移

戦前の豊川用水のあゆみ　昭和43年に19年の歳月と488億円の工費を投じて豊川用水が完成した。豊川用水通水を契機に渥美半島の農業は飛躍的な発展を遂げる。平成28年の田原市の農業産出額は853億円で、平成17年に渥美郡3町が統合し田原市が誕生して以来、市町村別の産出額では、全国第1位を誇り、隣の豊橋市も第9位(平成28年)にある。

豊川用水構想を最初に提唱したのは近藤寿市郎である。大正10年(1921)に東南アジアのジャワ島を視察した寿市郎は、「鳳来寺山脈に堰堤を築き大貯水池を設けて豊川に落とし、渥美郡や東三河一帯を灌漑する」という壮大な農業用灌漑用水のヒントを得た。昭和2年に愛知県議会で発表するなど、豊川用水の実現に向けて県や国に働きかけた。

昭和5年に国営事業として『渥美八名二郡大規模開墾計画』が立てられたが、まもなく戦争が始まり計画は自然消滅していった。

終戦後に東三河地方開発期成同盟が結成され、昭和24年に夢の用水が農林省直轄国営事業として着工されることになった。

近藤寿市郎(1870～1960)
高松村出身の政治家。愛知県会議員、衆議院議員、豊橋市長などを歴任した。

愛知県渥美八名二郡大規模開墾計画地区平面図(1930年)

戦前の豊川用水計画

昭和5年の『愛知県渥美八名二郡大規模開墾土地利用計画書』の地図に引かれた幹線水路の流路は、現在の豊川用水とよく似ている。渥美半島特有の東高西低、南高北低の地形を利用して、豊川の水を半島先端まで自然流下により通水するものであった。戦前の計画にはサイホンは見られず、山脚部を縫って二川まで南下した開水路が一旦東へ流れ、静岡県境を越え、西へ折り返すように流路を変えて太平洋岸の台地上を流れる。

新旧豊川用水幹線水路の種類と長さの比較(km)

昭和5年計画による幹線水路：開水路
大野導水路+東部幹線水路：開水路、トンネル、サイホン

現在の豊川用水

現在の豊川用水は山地をトンネル、谷部をサイホンで結ぶなど土木技術の成果が生かされている。

二川の山脚部から標高59mの東細谷までを長さ2.8kmをサイホンで結び、天伯原面が途切れる大草－高松間は長さ2.7kmのサイホンを通し、芦ヶ池南の比留輪までは尾村山の下をトンネルで通しているが、戦前の計画図では高松地区の海食崖上を通し、尾村山西麓部から芦ヶ池まで全てを開水路で結ぶなどの違いが見られる。

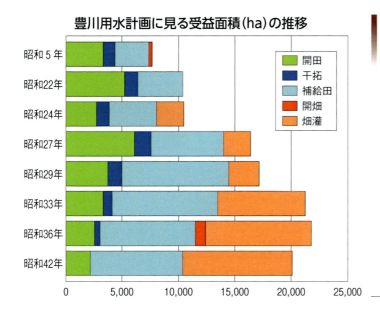

豊川用水計画に見る受益面積の拡大

- S5 　農林省が『愛知県渥美八名二郡大規模開墾土地利用計画書』を発表
- S24　国営事業として宇連ダム工事に着手
　　　GHQの指令で畑地灌漑を追加
- S29　宇連ダム堤高を10m嵩上げ
- S33　佐久間ダムからの分水協定が妥結
　　　受益面積も21,330haに拡大
　　　宇連ダムが完成
　　　大野頭首工、大野導水路工事に着手
- S36　大野頭首工、大野導水路工事が完成
　　　工事を愛知用水公団が引き継ぐ
- S43　豊川用水が完成し全面通水

豊川用水事業の変遷

『豊川用水史（1975）』によると、昭和5年の『大規模開墾土地利用計画書』では、通水期間は6月21日〜9月30日までで水田灌漑を目的とし、田原湾と福江湾の干拓計画が含まれていた。万場溜池と芦ヶ池溜池は、田原湾と福江湾の干拓新田の水源用に構築される計画であった。この水田灌漑を主体とする戦前の計画図の中には、昭和30年代半ばには日本有数の温室園芸地帯として発展していく赤羽根村−伊良湖岬村一帯は受益地として含まれていなかった。この戦前の豊川用水計画は第二次世界大戦によって自然消滅していった。

昭和24年に国営事業として豊川用水事業が始まり、宇連ダムの建設工事が着手された。GHQの指示によりファームポンドとスプリンクラーを使った加圧式の畑地灌漑が計画の中に取り入れられた。通水期間も周年灌漑へと大幅な計画変更が行われた。

昭和29年に天竜川支流からの宇連ダムへの導水が決まり、堤高が10m嵩上げされた。貯水量の増加により受益面積も10,468haから12,473haに拡大された。昭和33年には佐久間ダム分水協定が妥結し、受益面積も蒲郡地区も含め21,330haに拡大した。この年に宇連ダムが完成し、大野頭首工と大野導水路工事に着手した。昭和36年に知多半島の愛知用水事業を4年半で完成させた愛知用水公団が豊川用水工事を引き継ぎ、建設工事が急ピッチで進められることになった。

昭和43年に完成した豊川用水は、受益面積の拡大だけではなかった。戦前の水田灌漑から戦後に畑地灌漑へと目的も大きく転換され、昭和37年からの農業構造改善事業に始まる農業基盤整備も並行して進められた結果、渥美半島は施設園芸地域や露地野菜地域として飛躍的な発展が可能になったのである。もしも戦前に水田灌漑を目的とした豊川用水が完成していたならば、現在のような渥美農業の発展はおそらく望めなかっただろう。

（水資源機構提供）

豊川用水事業と渥美農業の発展

昭和43年の豊川用水完成を契機に、渥美郡3町では昭和47〜55年までに農業基盤整備事業を積極的に導入した。施設園芸団地や畜産団地による規模拡大、大型機械を使った露地野菜の産地化が図られ、農業産出額も飛躍的に伸びていった。

通水から7年後の昭和50年には、赤羽根町の農家一戸あたりの生産農業所得が日本一になった。

Ⅱ 地層と地形

8. 表浜集落の井戸とタタキの分布と渥美層群の泥層

高松一色のタタキ

「タタキ」と呼ばれた雨水の貯水タンク

昭和30年以前は赤羽根町－田原町の表浜集落の多くが、門長屋に降った雨水を樋で受け、軒下に掘ったタタキに貯めて、生活用水や飲料水として使っていた。赤土・砂利・石灰を混ぜた土をたたいて固めた貯水タンクは、水漏れを防ぐために厚さ2mmほどのモルタルを表面にかぶせていた。10数㎥（現在の4人家族2週間分の水道の使用量に相当）ほどの容量があり、中にはボウフラがわかないように金魚やフナが飼われていた。

日照りでタタキの水がなくなると、村の共同井戸に水汲みに行った。手掘りの共同井戸は20～30mもの深さがあった。

昭和20年代後半から簡易水道が普及し、水の苦労から解放された。不要となったタタキの存在は、今では忘れ去られようとしている。

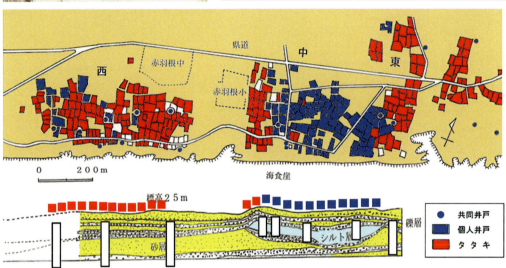

赤羽根地区の井戸とタタキの分布

上の地図や地質断面図のように赤羽根では中の集落にだけ個人井戸があり、中地区では砂礫層の間にレンズ状に挟まれた泥（シルト）層の上にたまった宙水を汲み上げて生活用水として使っていた。砂礫層の上にある東や西の集落は、深さ20数mの深井戸を掘って水を汲み上げるか、タタキの雨水に頼るほかなく、20～30戸が仲間でそれぞれの共同井戸を使っていた。

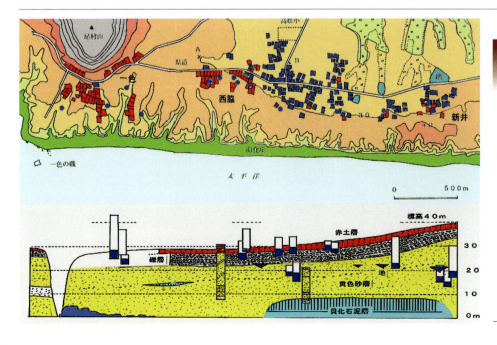

高松地区の井戸とタタキの分布

高松地区では一色と西脇集落の農家がタタキを使っていた。個人井戸は標高が30m以下で、下に貝化石泥層がある地区に限られていた。高松では標高25m付近には3つの溜池があり、貝化石泥層の上にのる地下水面がこの高さに存在することがわかる。

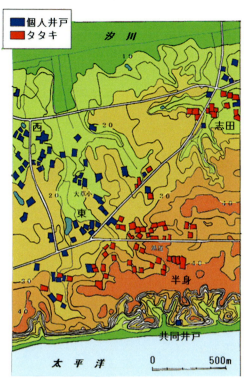
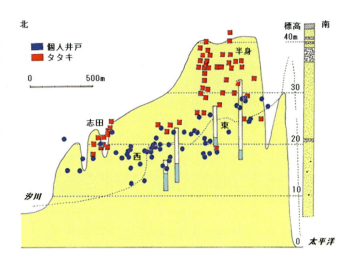

大草地区の井戸とタタキの分布　泥層がなく砂礫層からなる大草地区では、個人井戸とタタキの分布が集落ごとに分かれていた。特に高台にある半身の共同井戸は海食崖の下に掘られていた。大草以東には昭和20年代後半までタタキの雨水に依存する集落が、六連地区までずっと連続していた。

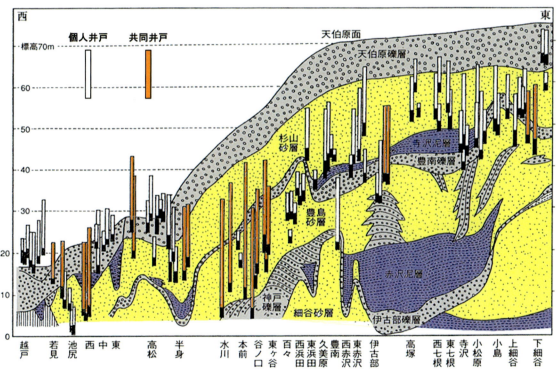

渥美半島東部地域における地質断面図と井戸の深度の関係（杉山1991、鈴木1956から作成）

　海食崖付近に分水嶺がある表浜は、南高北低の地形と砂礫層からなる地質のため、多くの集落が地下水に恵まれなかった。鈴木啓之は1955年に表浜集落にあった井戸を実測調査し、個人井戸地域と天水依存・共同井戸地域に分類した。この実測結果と1991年に発表された杉山雄一の地質断面図を重ね合わせると、井戸の深さと渥美層群中の不透水層（泥層）と透水層（砂礫層）との関連性がよくわかる。

　大草半身–東ヶ谷間には地下水をのせる泥層（不透水層）が存在しないので、天水依存・共同井戸地域が続く。半身と水川の共同井戸は海食崖の下にあり、本前–東ヶ谷では各村で1～2本の共同井戸を掘った。共同井戸の深さは30m前後にもなる。水汲みの苦労は大変なものであり、特に水不足に苦しんでいた。当時はタタキに溜めた雨水を生で飲み、洗顔も両手ですくった分だけで済ませた。冬の渇水期には暖をとるために、膝がつかる程度の風呂水を2～3日も沸かした。上に浮いた垢をすくっては延べ30人ほどが風呂に入ったという。六連以東の集落は標高が高くなるのに、寺沢泥層が下にあったので地下水位が浅く、個人井戸地域になっていた。

Ⅱ 地層と地形

9. 渥美半島の東部と西部で異なる福江面

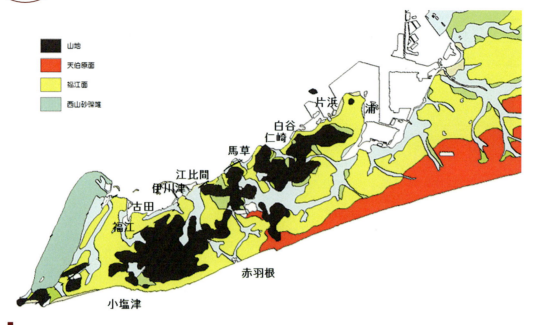

渥美半島の地形面分類図（『シームレス地質図』から作成）　福江面や高師原面は12.5万年前の海進期に形成された中位面である。渥美半島東部の福江面は、海面の上昇により上位の天伯原面をつくる砂礫と原面の表土が波浪侵食を受け、三河湾側に再び堆積した砂礫層や泥層からなる。太平洋側の天伯原面や福江面は海岸侵食で消失したものと考えられている。

　半島西部の福江面は、沿岸流で運ばれた天竜川からの海浜礫が太平洋岸の山地の南麓部を通り、三河湾岸の山地の周りを埋めるように堆積していった。このため西部の福江面は海浜礫の厚い堆積層からなる。12.5万年前の海進期には、比留輪原台地（天伯原面）により分けられた野田と赤羽根では、それぞれ湾口砂礫州によって閉ざされた潟湖ができていた。

福江面の露頭に残る海浜礫の斜交層理（11ページ参照）
福江小学校西の斜交層理　福江小学校の西側には高さ6mほどの礫層が厚く堆積した急崖が続く。現在はコンクリート擁壁でおおわれているが、鈴木紙器渥美工場内の露頭で天竜川系の海浜礫が北に傾いて堆積する斜交層理が確認できる。太平洋側の小塩津方面から沿岸流で流されてきた海浜礫が、三河湾側に向かって斜めに積み重なりながら厚さ10m以上の福江礫層を堆積していったことを示している。

片浜の斜交層理　片浜では臨海部の造成工事で表土層の下に厚さ2〜4mの斜交層理が現れた。新鮮さを保ったままの天竜川系の海浜礫層が、西から東へ傾いて堆積している。斜交層理の下部はシルト質砂層になり、礫層との境目から地下水が流れ出ていた。

　12.5万年前の海進期に福江小学校西の福江礫層をつくった海浜礫が当時の三河湾側に達すると、沿岸流は東へ流れを変えた。福江礫層は三河湾沿いに福江小学校から東に向かって古田−伊川津−江比間−馬草−仁崎−白谷−片浜−浦へと続く標高20〜10mの海浜礫層からなる段丘面を形成した。福江小学校の西側や片浜海岸の斜交層理からは、福江面が堆積した当時の沿岸流の方向がわかる。

半島東部の福江面の先端部から産出する高師小僧

【解説】 高師小僧は、湿地に自生するアシなどの植物の根の周りに地下水に溶けた鉄分が集まってできた管状・紡錘状の褐鉄鉱の塊である。高師小僧の断面を観察すると、中心に空いた小さな穴が植物の根の痕であり、この穴を中心に同心円状に褐鉄鉱が集まっている。高師小僧は全国各地に産出するが、豊橋の高師原産の高師小僧が最初に標式地として認められ「高師小僧」の名称が与えられた。

高師小僧（老津町・章南中学校西）

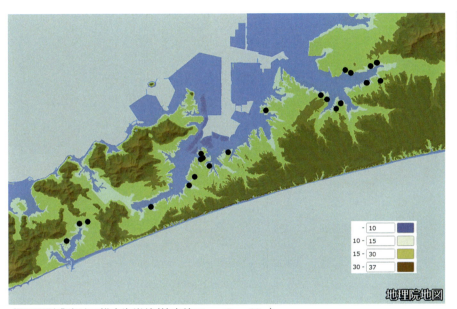

福江面形成当時の推定海岸線（等高線10m、15m、30m）
●：高師小僧の産出地

高師小僧の産出地は12.5万年前の干潟と重なる

（『地理院地図』から作成）

　高師小僧の産出地は、豊橋市西幸町・天伯町・若松町・野依町・植田町・大崎町・老津町、田原市谷熊町・豊島町・西神戸町・大草町、赤羽根町の北部などである。高師原や福江面の先端部にあるシルト質砂層中から産出する。このシルト質砂層は12.5万年前の海進期に上位の天伯原面を侵食してできた半島東部の福江面の堆積面の前面にあたる。当時の田原湾や赤羽根潟湖周辺には干潟が広がり、アシ原が帯状に茂っていたと推定される。

高師小僧を焼くと褐鉄鉱から磁性をもった赤鉄鉱に変化

　強磁性体を加熱していくと、ある温度で永久磁化を失い常磁性体に変化したり、その逆の変化をしたりする。この時の温度をキュリー温度といい、鉄のキュリー温度は770℃にあたる。
　渥美窯に依頼し、窖窯に高師小僧を入れて750℃前後で4時間ほど焼いていただいた。左の黄褐色の高師小僧が、焼き上がると中央のように粉末を付けた赤褐色の赤鉄鉱（ベンガラ）に変わり、ネオジム磁石がくっつくようになった。さらに、温度を1,200℃まで高めて焼くと、中の褐鉄鉱が溶け出し高師小僧も黒色に変色し磁性も失われた。

Ⅱ 地層と地形

10. 渥美古窯跡群の分布と福江面の開析谷

　中世を通じて発展した渥美窯・常滑窯・瀬戸窯のうち、常滑窯と瀬戸窯は現在まで存続しているのに、渥美窯だけがわずか200年ほどで消滅した。この謎を解く鍵の1つが、渥美半島では原料の土が安定的に確保できなかったことにあり、それは渥美半島の地形・地質の成因にあるのではと考えた。

東海湖の粘土層と渥美層群の砂礫層
（ADACHI・KUWAHARA1980から）

　美濃焼・瀬戸焼・常滑焼の産地一帯には、500～200万年前に「東海湖」と呼ばれる琵琶湖の6倍もの広大な湖が広がっていた。猿投山周辺の花崗岩の風化物が東海湖に流れ込み、湖底に陶磁器の原料となる膨大な量の粘土層を堆積させた。

　一方、渥美半島の台地は、70～35万年ほど前に外洋の浅海底に堆積した渥美層群の海成層からできている。渥美層群は主に砂と礫の互層から形成される。泥層は寺沢泥層と赤沢泥層が見られるが、渥美層群中の海成泥層は焼き物には不向きだったようで、陶器の原料の土として利用されることはなかった。

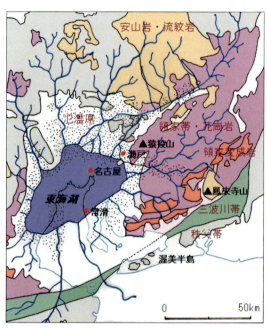

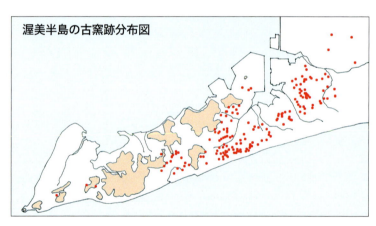

福江面の開析谷斜面に分布する古窯跡

　では、渥美窯の原料の入手先は一体どこなのか。
　右図に示したように古窯跡の70%が福江面に分布している。12.5万年前の海進期には、大草－老津一帯の海水面は標高30m付近にあり、この海進で天伯原面の渥美層群が侵食され、中位の福江面が三河湾一帯に形成された。福江面には上位の渥美層群の砂礫や天伯原面が風化してできた表土が再び堆積し、砂礫や泥からなる内湾性の堆積層が形成された。
　福江面にある渥美古窯跡は段丘面を深く切り込んだ開析谷の斜面に掘られている。渥美古窯の原料となった粘土層の所在は、発掘調査をまとめたこれまでの報告書の中からは確認できなかった。そこで原料の粘土を渥美層群や福江面の露頭にある地層の中に求めるのではなく、開析谷底に沈殿した粘土層を原料にして陶器を焼いていたという仮説を立てた。

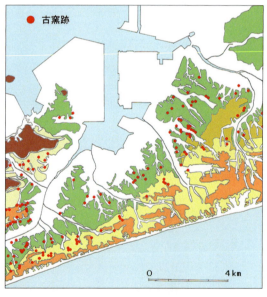

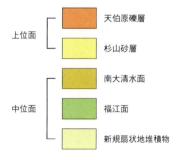

大沢池の泥層 惣作古窯跡群の下にある沢（開析谷）に下りると、標高10～11m付近にある大沢池跡にきめ細かな暗灰色の粘土層が堆積していた。天伯原面や福江面の風化した地表面の土砂が流されてきて、大沢池の谷底部に分粒されながら沈殿した泥（粘土）層である。

大草の惣作古窯跡群を事例に考える

地理院地図の「沿岸海域土地条件図」に大草地区の古窯跡を落とすと、福江面の原面から開析谷に移る段丘崖部に古窯跡が分布していることに気づく。

惣作古窯跡群も福江面に位置し、天伯原面から汐川にのびる深い開析谷の西側斜面にある。21基の古窯跡群はこの斜面上に南北200mにわたって分布する。渥美半島で最大規模であったが、10数年という短期間で閉窯されているという。

惣作古窯跡群周辺には渥美層群のマミ砂（黄砂層）の地層が広がっており、原料の粘土層は確認されていない。報告書にも「渥美半島の中世窯の粘土・水の入手場所については、遺構として判明した例はこれまでにない」と記されている。

そこで天伯原面や福江面の風化した表土が開析谷底に流れ込み沈殿し、この泥層を陶器の原料として利用したのではないかと考えた。

渥美半島の陶工たちは経験と勘を頼りに良質な土を求めて開析谷に分け入り、マミ砂の斜面に窖窯を掘り陶器の製作に励んだ。しかし、谷底に堆積した粘土層は薄いために原料が短期間でなくなり、次の粘土の採掘場所を探して移動しなければならなくなった。

閉窯とともに開析谷底には再び土砂が堆積し、採掘現場は埋もれてしまい、その存在も歴史の中に埋もれてしまったとは考えられないだろうか。

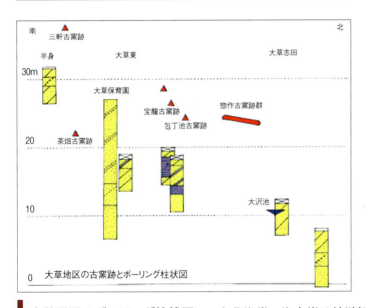

大草周辺のボーリング柱状図 大草海岸の海食崖は外洋性の砂礫の互層からできており、焼き物に適した粘土層は見あたらない。大草保育園のボーリングデータは渥美層群のマミ砂からなる杉山砂層が堆積しており、大草周辺の地層は細砂層を中心にできていることがわかる。瀬戸や常滑のような厚い陶土層がないため、渥美半島の陶工たちは新たな粘土を求めて窯の移動を頻繁に繰り返さなければならなかった。短期間で移動を繰り返したために、渥美半島には400基余りという膨大な窯跡が残されることになったとも考えられる。

大沢池の粘土で焼き物を作る 大沢池で採集した暗灰色の粘土を渥美窯の窖窯を使って1,200℃で4時間ほど焼いていただくと、水漏れもしないほどきめ細かい黒色の土器が完成した。沈殿に1週間もかかるほどに粘土の粒子が細かく、腰が弱くへたってしまうので、小さなぐい飲みにしたという。また、植物遺体も多かったので80目の細かいふるいにかけたとも話された。

II 地層と地形

11. 渥美半島先端に存在する淡水レンズ

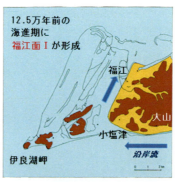
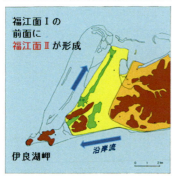
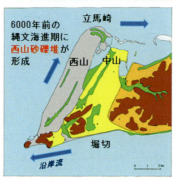

伊良湖岬一帯の地形の成り立ち

　天竜川からの砂礫が大山の南麓に沿って流れる沿岸流によって半島先端まで供給され、南西〜北東に並ぶ新旧3つの地形面が東から西へと形成され、現在の伊良湖岬一帯の地形ができあがった。

　まず12.5万年前の海進で小塩津から北東に流れを変えた沿岸流によって福江面Ⅰができた。その後も新たな海浜礫が供給されたり、福江面Ⅰの礫層が侵食され再び堆積したりして、福江面Ⅱが福江面Ⅰの西側につくられた。6000年前の縄文海進で伊勢湾に面した西山砂礫堆が新たに加わった。

渥美半島先端部の柱状図

　渥美半島先端の福江面は、小塩津－福江より東の福江面Ⅰ（標高10〜20m、礫層10m以上）と、亀山－中山より東の福江面Ⅱ（標高5〜7m、礫層5m前後）の2つに区分できると考える。さらに、縄文海進により西山砂礫堆（標高2〜3m、礫層20m以上）が新たに加わった。南西〜北東に発達する各地形面の形状や標高、礫層の厚さと締まり具合の違いが地形面を3つに分けた根拠となる。

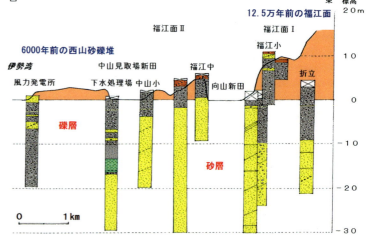

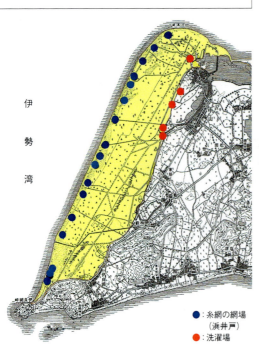

西山砂礫堆に存在する豊富な淡水層と東西の湧水帯
（『愛知県史民俗調査報告書6』2003から）

　南北9km、東西1.5kmの西山砂礫堆には、伊勢湾沿いに浜井戸が並び、地面を2m も掘れば真水が得られた。

　東側の中山見取場新田との境にも湧水帯があり、中山地区住民の洗濯場としてにぎわっていた。

西山の地下水位の変化と降水量

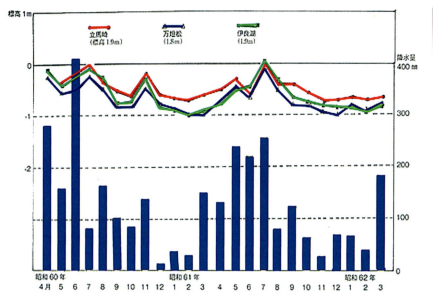

西山砂礫堆の地下2～3mには、豊富な淡水層が存在し、「赤石山系からの伏流水が湧き出している」と長い間信じられてきた。

西山砂礫堆は豪雨になると、低所にある凹地がしばしば冠水する。豪雨の後には伊勢湾側の西ノ浜では渚線から淡水が湧き出す。

井戸の水位の月別測定値と降水量をグラフにすると、地下水面は標高0～1m付近にあり、梅雨や台風時に地下水位が上昇することがわかる。この2つの関連性については、西山砂礫堆の厚さ20m以上の礫層中に「淡水レンズ」が存在すると考えれば、容易に説明がつく。

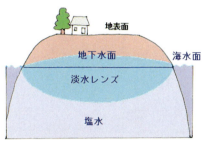
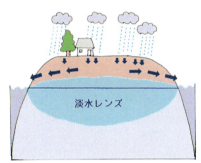

【解説】　比重の違いで淡水は海水の上に浮く。透水性の高い地層をもつ島や半島では、淡水の地下水が凸レンズのような形になるので、**淡水レンズ**と呼ばれる。地下水面が海水面よりも高い場合に形成される。淡水と海水の微妙なバランスの上に成り立っており、潮汐によって地下水面が上下する。地下水を過剰に汲み上げると塩水化が起こることがある。

西山の地下には厚さ25mもの礫層が堆積している。年間1,600mmの降雨量の大部分が礫層中にしみ込み、地下の淡水レンズに供給される。豪雨時には地下数mにある地下水面が礫層中を上昇し、地下水面が地表面に達すれば、西山砂礫堆一帯が広く冠水することになる。

西山砂礫堆にあった池の水位

西山砂礫堆には、後背湿地にあたる長池や豊島池が存在した。池の水面が淡水レンズの地下水面とほぼ高さになると考えられる。

渥美半島先端部の中山や堀切では、後背湿地に水田が分布する。1953年頃まで水田の中央を通る水路の中に、四角い井戸を1mほど掘って木枠で囲み地下水を溜めた。動力ポンプが普及する前には、この水を風車の力で汲み上げていた。

水田灌漑用の風車（田原市博物館提供）

III 海岸地形

12. 渥美半島太平洋岸の海岸侵食

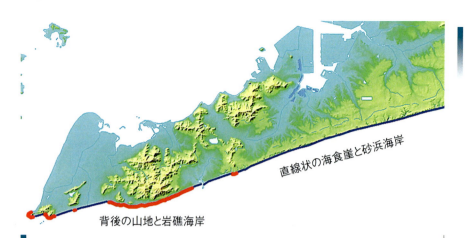

渥美半島東部の砂浜海岸と西部の岩礁海岸

　渥美半島太平洋岸には、浜名湖方面から砂浜と海食崖が直線状に西にのびている。岩礁海岸（赤色の線）が現れるのは、高松一色、若見−小塩津、日出、伊良湖岬の4か所である。いずれも背後山地の基盤岩が波浪侵食により露出したものである。渥美層群の海食崖よりも侵食に強い岩礁海岸は小さな岬状に突出し、砂浜海岸が2つの岩礁海岸を一直線に結んでいる。

背後の山地の山脚部が侵食されてできた岩礁海岸（『地理院地図』から）

　「片浜十三里」は、日出の石門−浜名湖今切までの長さ52kmの海岸線をいう。このうち岩礁海岸は伊良湖岬−高松一色までの20kmの区間に限られ、背後にある山地の基盤岩が露出する。岩礁は秩父帯の層状チャートを主体とするが、砂岩や泥岩も見られる。

太平洋岸に見られる海岸侵食（左：海食崖の崩落、中：地滑り、右：恋路ヶ浜の浜崖）

　海食崖をつくる渥美層群は35〜70万年前の新しい地層からなり、十分に固結していない。特にマミ砂層は雨裂ができるほど軟らかい。そのために海食崖は年々後退し、侵食量は1年間に0.4〜1mともいわれてきた。台風の波浪侵食、長雨や集中豪雨による地滑り、地震や津波による崖の崩落などが主な原因である。各所に砂防ダムが築かれたが、多くがすでに崩落している。1959年の伊勢湾台風から現在まで護岸壁やテトラポットの設置が続けられてきた。
　砂浜の流失も深刻であり、2015年の台風の高潮で恋路ヶ浜に高さ5mほどの浜崖が現れた。

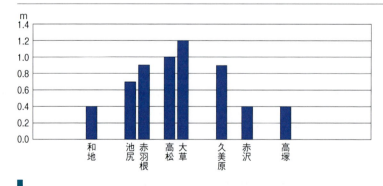 

太平洋岸の年平均侵食量（1888〜1955年）（『海岸30年の歩み』1981から）

　上のグラフは、1888年や1897年の地籍図と1955年の地図を比べて推定した太平洋岸の年平均侵食量を表したものである。大草では67年間に80mも海岸線が後退したという。海食崖上の集落は侵食のたびに内陸部へと移動し、崖の上の防潮林には元屋敷の跡が残されているところもある。
　右の空中写真は1961年の赤羽根地区で、海岸侵食のために江戸時代から3度も街道を移し替えてきたといわれる。1959年の伊勢湾台風で赤羽根集落前面の海食崖が崩落したために急遽護岸工事が行われた。

赤羽根漁港建設に伴う砂浜の変化
（『地理院地図』から）

　1948年の赤羽根海岸は幅80mほどの砂浜が広がり、池尻川が太平洋へ流れ出ていた。1953年から池尻川河口に掘込港と防波堤を造成する工事が着工されたが、漂砂と荒波により堤防工事は困難を極めた。
　防波堤が沖合に延ばされるに従い、東西の砂浜が大きく変化した。堤防東の赤羽根海岸では砂浜が沖に向かって広がり始め、西側の池尻－若見海岸ではわずか10年で砂浜がほとんど流失した。

赤羽根漁港両側の海岸線（三河港務所提供）

　防波堤によって西向きの沿岸流が止められた赤羽根漁港の東側では、漂砂の堆積が進み砂浜が幅200mにも拡大した。東防波堤は長さ697mにも延長され、先端に200mの防砂堤を東向きに伸ばし港湾内への漂砂の侵入を防いでいる。一方、供給が止まった西側では、砂浜が失われ侵食が深刻化し、護岸堤防と消波ブロックが設置された。その後に越戸海岸まで離岸堤が築かれ砂浜が回復したが、越戸以西の砂浜の減少は現在も続いている。

若見海岸の崩落（田原市博物館所蔵）

1979年頃の若見海岸（藤城撮影）

2019年の若見海岸

若見海岸の海岸線の変化を追う

　赤羽根漁港防波堤の西側の池尻－若見海岸では、1965年頃から砂浜が急速に流出し海岸侵食が深刻化していった。1979年頃には波が高さ5mの護岸堤防とテトラポットを直撃し、堤防から海釣りができるほどだった。1982年から250m沖に16本の離岸堤が設置されると砂の流失が止まり、右の2019年の写真のように池尻・若見海岸では砂浜が次第に復活してきている。

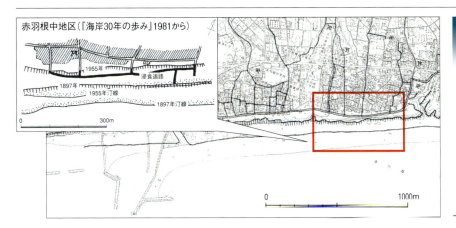

赤羽根の海岸侵食を再検討

　2010年の1万分の1の田原市の都市計画図に1890年の2万分の1地形図を2倍に拡大して重ねると、赤羽根の海食崖の後退がほとんど確認できなかった。他の8地区でも同様な結果が得られたので、明治以降の海岸侵食を再検討していきたい。

Ⅲ 海岸地形

13. 渥美半島東部の海岸地形

田原市大草－東神戸海岸

海食崖と砂浜
（田原市役所提供）
谷ノ口海岸一帯には、急峻な海食崖の断崖が続く。

田原市六連－豊橋市城下海岸

豊橋市城下－伊古部海岸

地理院地図から作成した6枚の立体地図を利用して、天伯原面の原面の侵食状況をもとに半島東部の海食崖の変化を西から東へ見ていく。

田原市大草－東神戸海岸
　標高42～60mの急峻な海食崖が東西に連続する。分水嶺も海食崖上に連続するため、海食崖の開析谷はそれほど深くまで発達していない。豊川用水東部幹線水路が通る北側の天伯原面の原面は、断続的に連なり大草東で消失する。このため豊川用水は高松の尾村山東麓の大正池までの2.7km間をサイホンを使って通水している。

田原市六連－豊橋市城下海岸
　標高60～65mの急峻な海食崖が東西に連続する。天伯原面の深部に迫る開析谷が3か所見られる。海食崖上の天伯原面原面と豊川用水東部幹線水路が通る原面の2列が海岸線に平行して東西に連続する。北側の福江面の開析谷が南北方向に発達するのに対し、天伯原面の開析谷は東西方向に続いている。前にも述べたが、天伯原面の原面が海岸平野の浜堤列であり、東西方向の開析谷は堤間湿地が下方浸食を受けて形成されたものと考える。右上には3列目の天伯原面が見えてきた。

豊橋市城下－伊古部海岸
　城下海岸以東になると、次第に開析谷が大きくなる。枝谷も発達し、天伯原面の原面に深く入り込むようになる。城下集落の南方に1460年頃の畔田氏の居城跡があり、当時は海食崖下に城下集落があったという。赤沢－伊古部では江戸時代まで海食崖の下に集落や寺社があったが、海岸侵食により海食崖上に移転した。高豊一帯の集落は江戸時代～現在までに4～5回も屋敷替えしたという。

豊橋市高塚−小島海岸

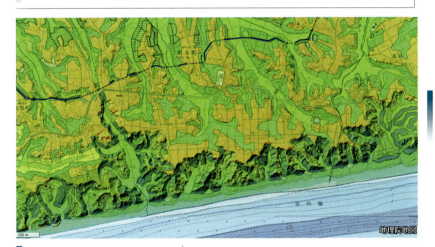

豊橋市小松原−湖西市長谷海岸

細谷海岸（「豊橋1986」から）
　海食崖が奥まで開析され、崖下や谷底に水田が確認でき、江戸時代の屋敷跡も残っていた。

細谷海岸

湖西市潮見坂海岸−今切海岸

豊橋市高塚−小島海岸

　西の高塚・西七根海岸と東の小松原・小島海岸では、海食崖の形状が大きく異なる。天伯原面の原面が直接、海岸侵食を受けている西側は急峻な海食崖が発達している。東側では原面が侵食され堤間湿地にあたる背後の開析谷にまで達するなど、海食崖の形状が複雑になる。侵食が背後の谷部に達すると、三河湾へ流れる梅田川の上流部で河川争奪が起こる。流路が太平洋側へ変わることにより、海食崖がさらに深く侵食され、谷からの小川も砂浜を流れ出すようになる。

豊橋市小松原−湖西市長谷海岸

　海食崖を切り込む開析谷が次第に深くなり、小島海岸では長さ1kmにも達する。後浜が広くなり、開析谷から小川も流れ、谷底や海食崖下に水田が見られる。背後の天伯原面の標高が70mにもなるのに、海岸から見た海食崖が高さを感じないのは、原面の高い部分が侵食により消失したためである。1707年の宝永地震以前には崖下の後浜に浜屋敷が存在していた。

湖西市潮見坂海岸−今切海岸

　湖西市の道の駅潮見坂−新居関所までの海食崖は、海岸線から次第に離れていく。崖下には江戸時代の東海道、旧国道1号や浜名バイパスが通り、市街地や耕地も広がる。西南西〜東北東に連続する崖の標高は60m以上あり、6000年前の縄文海進時にできた古い時期の海食崖にあたる。宝永地震では崖下にあった白須賀宿を大津波が襲い、宿場町を壊滅させたため、白須賀宿は現在の崖上の高台に移転することになった。

III 海岸地形

14. 太平洋岸の海岸侵食を再検討

6000年前の海岸線を西に延長（『地理院地図』から）

　6000年前の縄文海進では、海面が約2〜3m上昇した。当時の海岸線は天竜川の両岸にある磐田原台地と三方原台地の先端部に残っている。浜名湖で一旦途切れるが、湖西市新居−白須賀の旧海食崖へと続いている。

　浜名湖西岸の新居−白須賀に残る縄文海進時の海食崖の走行を西に延長すると、32km離れた高松一色の岩礁海岸に繋がることがわかった。

　渥美半島の太平洋岸は海岸侵食により海食崖が緩やかな曲線を描くように湾入し、縄文時代の海食崖は消失している。しかし、従来言われてきた侵食量を年1mとすると、6000年間に6kmも海岸線が後退した計算になり、現在の渥美半島の幅と同程度の台地が侵食されて失われたことになってしまう。

水深5m付近に広がる波食台の存在
（三河港務所のボーリングデータから）

　赤羽根海岸では、福江面が侵食され標高25〜20mの海食崖ができた。赤羽根漁港西外堤防のボーリングデータでは、平らな侵食面（波食台）が水深5m付近の海底に確認でき、波食台は海食崖と同じ暗黄褐色のシルト混じりの細砂層からなる。波食台の上に暗灰色の海岸砂がのる。東防波堤（長さ697m）のボーリングデータからも水深4〜7mに広がる波食台の存在が確認できた。表浜海岸では-5mの等深線が海岸線から200〜500m沖に連続しているので、表浜全域に波食台が広がると考えられる。

赤羽根漁港　西外防波堤修築工事のボーリング柱状図

南神戸町（旧本前海岸）の海食崖の変化（左：1959年、右：2018年撮影）

　左の写真は、1959年の伊勢湾台風直後に田原町が海食崖の被害調査をした時に撮影された南神戸の本前海岸の状況である。崖下には煮干しの加工小屋がある。右は現在の本前海岸の写真で、海食崖下にテトラポットが並べられている。地層が露出していた崖部は59年間に植生で覆われ、地層がほとんど見えなくなった。侵食量を年間1mとすれば、崖は59m後退したことになる。しかし、崖の形状を比較する限りでは海食崖の大きな後退は確認できなかった。

  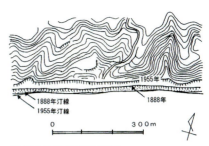

高塚海岸の砂丘(1966)　（愛知県立国府高校1967から）　　高塚サンドスキー場(2018年6月24日撮影)　　豊橋市高塚町荒谷地区

砂丘に守られた高塚の海食崖　2枚の写真は高塚海岸の砂丘（旧サンドスキー場）である。1959年の伊勢湾台風の高潮で一夜にして砂丘が消失したというが、左の1969年の写真を見ると10年の間に砂丘が復活していることがわかる。また、中央の2018年の写真からも、高い砂丘で守られた背後の海食崖の形状は変化がなく、写真を見る限りでは海岸侵食による後退は確認できない。

右図（『海岸30年の歩み』1981）では、高塚海岸は1888年と1955年の地図を比べて67年間で30m、年平均0.4mの海岸侵食があったとしている。今回改めて1890年と現在の1万分の1地図を重ね合わせたが、高塚海岸でも25ページの赤羽根海岸と同様に海岸線の後退がほとんど確認できなかった。

 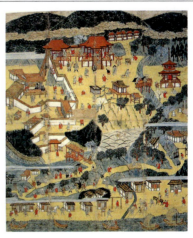

渥美半島東部の海岸線の形状と東観音寺の移転　豊橋市小松原−細谷海岸では、海食崖が小河川により奥まで開析され崖の形状も複雑になる。右図は江戸時代初期の「東観音寺境内図」（東観音寺蔵、豊橋市美術博物館提供）である。当時の地引き網の様子、砂浜を通る伊勢街道と町屋、海崖に建つ東観音寺の賑わいが描かれている。1707年の宝永地震の大津波で海辺にあった東観音寺は大破し、小松原海岸の●から1.9km北の台地の上の「●東観音寺」へ移転した。現在では小松原海岸の東観音寺跡地は介護施設王寿園になっている。

小島海岸東の開析谷は長さ1kmにも達し、小河川が流れる谷底や海食崖下に水田がある。小島付近では背後の天伯原面が標高70m前後にもなるのに、海食崖の前面はなだらかで後浜が広がる。赤沢−白須賀海岸の崖下の後浜には、宝永地震による高台移転をする前の江戸時代の水田や浜屋敷跡が残っていることから、海岸線が300年以上後退していないことになる。

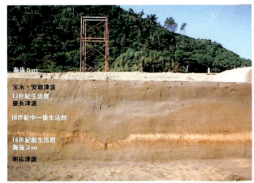

（湖西市教育委員会提供）

津波堆積物が残されている湖西市の長谷元屋敷遺跡

浜名バイパスと道の駅造成に先立ち1982年に長谷元屋敷遺跡の発掘調査が行われた。汀線から150m入った海抜5〜6mの後浜の下から、戦国〜江戸時代の水田や住居跡と生活用品、7〜8世紀の須恵器が発見された。宝永地震以前の津波堆積物も何層も確認され、約100年周期で発生した津波被害のたびに村が再建されてきたことが実際に確認された。広い後浜をもつ長谷海岸一帯は1400年以上の間海食崖後退がなかったことになる。

このように見ていくと、渥美半島太平洋岸の侵食量は、従来いわれている年間1〜0.4mよりもずっと少ない可能性がある。

III 海岸地形

15. 和地町土田海岸にある球状の海浜礫

土田海岸の海浜礫

土田海岸で見つけた球状の海浜礫

2010年4月、岩礁で囲まれた土田海岸に立ち寄ると、テトラポット前面の砂利が一波ごとに打ち上げられては、ガラガラと麻雀の牌をかき回すような音を立てて崩れていた。もしやと思い翌日も土田海岸に行き、球状の礫を探すといくつも見つかった。

砂浜が流出した土田海岸では、護岸用のテトラポットに直接波が打ち寄せる。砂利浜が急傾斜のために潮間帯が極めて狭い。土田海岸にある海浜礫は、この特殊な環境の中で波の力で四六時中かき回され、砂利の上を絶えず回転し続けたために、扁平な海浜礫が球状に変化したのではないかと考えた。

テトラポットも破壊されている土田海岸

2018年7月の土田海岸の写真では、小石を伴って打ち付ける波の破壊力は凄まじさがわかる。テトラポットは砕かれ、削られて細くなった鉄筋がむき出しになるなど、護岸用のテトラポットは激しい損傷と移動により下から崩れだしている。

園芸用の花崗岩のブロックを投入する

2014年4月に10cm角で重さ2kgの花崗岩のブロック5個を土田海岸に投入し、翌年2月に1個が回収できた。わずか10か月でおにぎり状の円礫（9.5×8.5×6.0cm）に変化し、重さも0.6kgにまで減少していた。

崩落した土田海岸の大岩
（左：2014年4月、右：2018年7月）

正面にあった大岩（カミナリイワ）が荒波によって姿を消した。

土田海岸の空中写真
（上：1961年（地理院地図）と下：2016年（Googleマップ）の比較）

土田の青山貞一氏（75歳）の話（2014年取材）

「昔の土田海岸は砂浜が広かったが、今では岩ばかりになった。砂利があるのは波打ち際に限られる。砂利は昔も丸いには丸かったが、今みたいにコロコロはしていなかった。「バネ」（レンガ色に風化した粘板岩や砂岩の波食台）が50m先の海底まで平らに広がっている。伊勢湾台風の2年後の1961年に護岸堤防ができた。その後もテトラポットが置かれたので海食崖の侵食は止まったが、砂浜の流出が激しくなったように思う。テトラポットは波と砂利が当たって激しく壊れている。台風時には4トンのテトラポットが大波でゴロゴロと移動する」

土田海岸の岩礁名

1747年に杉山半八郎（田原藩郡奉行兼田原町奉行）が記録した藩内の岩礁名46のうち、2016年の現地調査で確認できた岩礁名は34（74％）であり、地元漁師によって言い継がれてきた。

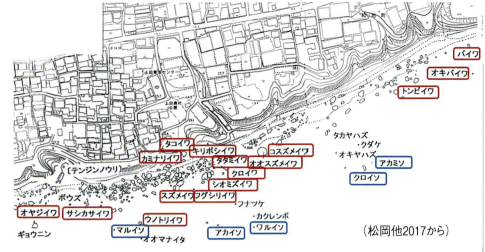
（松岡他2017から）

土田地区では六束岩（ロクソクイワ）・汐干岩（ショボシ）・黒岩・雀岩・梅岩（びしゃこ岩・ウメイ）・二ツ磯岩（フタツイワ）の6つが全て聴取調査で現地確認できた。

六束岩は沖合300mにある岩礁である。稲わらで作った綱一巻200mを4等分したものが一束（50m）である。沖合六束（300m）にあるこの岩から海岸までの距離を調べると、1747年とほぼ変わっていなかった。土田では海岸にある岩を「イワ」、海中の岩礁を「イソ」と区別して呼んでいる。上の土田海岸東の岩礁分布図でも岩に名前が付けられた時期の海岸線が明確に推定でき、当時から海岸侵食がほとんど進行していないことがわかる。

ちなみに、表浜では陸側を「オカ」「タカ」、沖合を「オキ」と呼んで区別している。

赤羽根漁港沖の海底にある「高松ノ島」

水深25mにある「高松ノ島」（海上保安庁海図から）

海上保安庁の海図を見ると、赤羽根漁港の沖合5.3kmにある水深25mの海底に「高松ノ島」が記されている。

地元の漁業関係者に聞くと、高松ノ島は東西2kmの範囲に高さ5mほどの岩礁が5か所に分かれてほぼ一列に並ぶ。

東の親島が最大で200×150mの範囲にお椀をいくつもかぶせたようななだらかな岩礁が5つ集まり、親島だけが白いサンゴ礁からできているという。

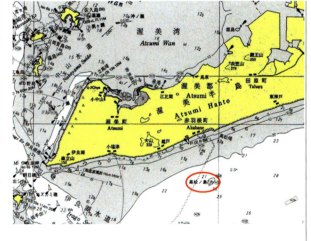

高松ノ島からは白色の貝化石が密集した岩塊が引き揚げられており、サンゴ礁というのは貝化石の可能性もある。この貝化石についての報告書（松岡他2013）が豊橋市自然史博物館から出されている。

地引き網が盛んだった頃は、漁船2隻に綱と網を積んで日の出前に沖合6kmまで漕ぎ出し網を両方から半円にかけ、終日をかけて引き揚げる「沖の網」が行われていた。古老の話では「高松ノ島は魚の大群が付く格好の漁場であったが、海底に潜む岩礁に網がかかると大変なことになるので、高松ノ島の直前に網を入れるように注意していた」という。地元漁師の間では魚群探知機が普及する前から高松ノ島の存在が知られていたことになる。

清田治（2003）が、嘉永（安政）東海地震の災害記録として紹介した田原領和地村田中孫六郎の古文書にも、高松ノ島に関する記述がある。「高松村沖に鯛の嶋と呼ばれる磯がある話は聞いていたが、安政地震の大津波でこの磯が三つまで見えた。鯛の嶋まではおよそ二里ほどである」と記されている。安政東海地震における表浜一帯の津波の高さは8mほどだから、水深20m以下に潜む岩礁が見えることはまずあり得ない。しかし、赤羽根漁港から高松ノ島までの直線距離は5.3kmであり、そこから北西にある和地までの距離を地理院地図で計測すると、なんと二里（8km）になり、田中家文書の「鯛の嶋」が「高松ノ島」の位置にぴったり重なることが確認できた。江戸時代末期にはすでに高松ノ島が鯛の嶋の名で地元では知られていたようである。

III 海岸地形

16. 神島で見つけた天竜川系の海浜礫

神島(左)と**恋路ヶ浜**(右)**の海浜礫**

神島の海岸で見つけた天竜川系の硬砂岩の海浜礫　神島は伊良湖岬の南西4kmに伊良湖水道を挟んで浮かぶ周囲3.9kmの小さな島である。驚くことに離島である神島の海浜礫に天竜川系の硬砂岩が数多く混在していた。神島小中学校の南にあるニワの浜で海浜礫158個を分類すると、神島産の白い石英脈のある泥質片岩とチャートや石灰岩が49％、天竜川起源としか考えられない硬砂岩が48％という比率になった。渥美半島の恋路ヶ浜の天竜川系の硬砂岩の割合は50～60％である。なぜ、天竜川系の礫が神島の海岸で見つかるのだろうか。

神島を構成する基盤岩　神島の中央部を日出の石門からのびる神島・伊良湖断層が貫く。神島の北側が黒色の**泥質片岩**(左)、南側が**層状チャート**(中)、ニワの浜には**輝緑凝灰岩や石灰岩**(右)が見られるなど、神島の基盤岩は秩父帯や三波川変成帯からできており、基盤岩の中には硬砂岩は存在しない。

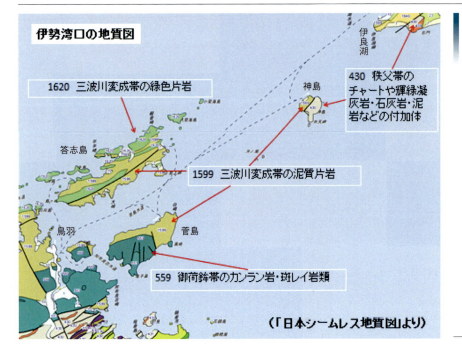

伊勢湾口の島々の地質図
(『地質図ナビ』から)

　中央構造線が答志島の北側を通り、外帯にあたる三波川変成帯の緑色片岩が答志島北部に、泥質片岩が答志島南部と菅島東部、神島北西部の3島に分布する。菅島南西部には御荷鉾帯のカンラン岩や斑レイ岩も見られる。

　神島南東部は渥美半島の山地と同様に秩父帯の層状チャートや輝緑凝灰岩・石灰岩・泥岩などの付加体の岩石から構成されている。

答志島観音崎の緑色片岩の基盤岩と海浜礫　　答志島の答志中学校南海岸の泥質片岩の海浜礫　　菅島東の白崎海岸の泥質片岩の基盤岩と海浜礫

答志島と菅島を構成する基盤岩と海浜礫の関係を調べる

　答志島北東岸の観音崎一帯は三波川変成帯の緑色片岩が分布する。海岸の礫も角が取れた板状の淡青緑色の緑色片岩で構成されていた。南東岸の答志中学校南の海岸の崖や岩礁は、白い細かな石英脈が入った暗灰色の泥質片岩からできていた。海岸の礫も白色の石英の亜円礫や石英の縞が入った黒〜灰色の泥質片岩の亜円礫で構成されていた。

　菅島東岸の白崎海岸は対岸の答志島と同じ三波川変成帯の泥質片岩が分布する。海岸の礫も白色の石英の亜円礫や白い縞が入った黒〜灰色の泥質片岩の亜円礫で構成されていた。

　つまり、答志島と菅島の海岸の礫はいずれも各島の基盤岩である緑色片岩や泥質片岩から構成されており、天竜川系の硬砂岩の海浜礫は神島以西の2島にはないことが確認できた。

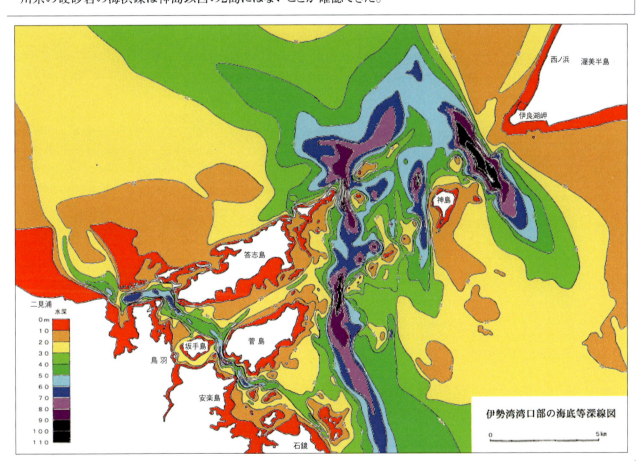

伊勢湾湾口部の海底の等深線図（『地理院地図』から作成）

天竜川系の硬砂岩はどのような経路で神島にもたらされたのだろうか。伊勢湾の湾口部の等深線の段彩図を作成した。

　伊良湖岬−答志島間には太平洋に向かって南北に走る海底谷が3本見られる。いずれも最深部が水深90m以上あり、北側は伊勢湾の最深部（水深38m）と繋がっている。東側の伊良湖岬−神島間の伊良湖水道の海底谷は太平洋側が埋積され、水深30mで神島と繋がっている。中央の神島西の海底谷も太平洋側が水深40mまで埋積されている。唯一太平洋の海底まで続いているのが、西側の答志島・菅島の束側にある南北にのびる海底谷であることに気づいた。

III 海岸地形

17. 神島で見つけた天竜川系の硬砂岩の海浜礫の謎に迫る

水深20mの等深線を追う

　水深20mの等深線は天竜川河口の沖合1.5km、舞阪2.0km、元町2.5km、高塚2.8km、東神戸－越戸3.0kmで、海岸線からほぼ2～3km幅で連続している。伊良湖岬に近づくにつれ急激に広がり幅12kmにまで拡大し、伊良湖水道南方で断ち切られる。この理由を渥美半島の太平洋岸を西へと運ばれてきた天竜川系の砂礫が、伊良湖水道の潮流により行き場を失い南方へ堆積の方向を変えていったものと考えた。

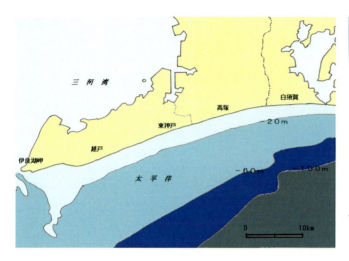

伊勢湾・三河湾域の海底地質図
（『日本全国沿岸海洋誌（1985）』から作成）

　太平洋側の水深20mの等深線は渥美半島と神島の南方に発達するが、答志島・菅島側にはあまり見られず、答志島・菅島と神島の間は南北に走る水深60～90m海底谷で分断されている。このことから東方の渥美半島からの砂礫の供給に対して、西方の志摩半島方面からの砂礫の供給は極めて少なかったこともわかる。

　水深30mの等深線は伊良湖岬と神島の南方に広がる。先に述べたように、伊良湖水道の海底谷（最深部-110m）の南側は水深30mまで埋積され、伊良湖と神島がなだらかな台地状の海底地形で結ばれている。

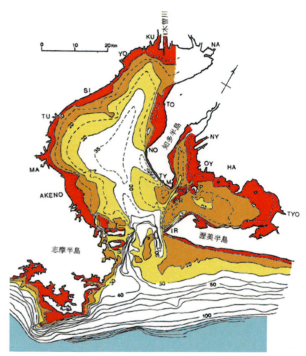

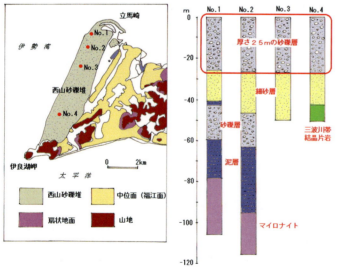

縄文海進期に形成された渥美半島先端の西山砂礫堆

　6000年前の縄文海進で伊良湖岬から伊勢湾に沿って南西～北東にのびる長さ9km、幅1.5～2kmの広大な西山砂礫堆が形成された。標高2～3mほどで平坦な西山砂礫堆は、太平洋岸から西向きの潮流によって運び込まれた海浜礫が、伊良湖岬をまわり西ノ浜一帯に堆積したものと考えられている。西山砂礫堆の形成により、現在の伊良湖岬周辺の地形がほぼできあがった。

西山砂礫堆に堆積した厚さ25mの海浜礫層（山田ほか1984に加筆）　調査報告書から集めた10本以上のボーリングデータを整理すると、西山砂礫堆全域に天竜川系の砂礫（硬砂岩主体）が深さ25mまで厚く堆積していることがわかった。この-25mという深さは、伊良湖岬－神島南方に広がる台地状の海底地形の水深20～30mと一致する。

　今まで述べてきた資料を手がかりに「神島で見つけた天竜川系の海浜礫の謎」について、次ページのように仮説を立てた。

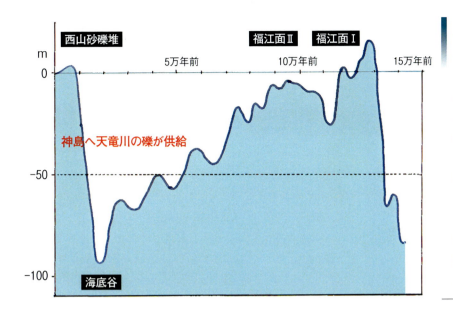

海面変化のグラフをもとに神島の天竜川系の硬砂岩の経路を推察

渥美半島先端では12.5万年前の海進期に小塩津海岸－福江小学校以東に広がる標高10～20mほどの福江面Ⅰが形成された。福江面には天竜川系の硬砂岩を主体とする海浜礫層が10m以上の厚さで堆積した。その後徐々に気温が低下し始め、2万年前に最終氷期を迎えた。この間に福江面の西側（亀山－中山）に一段低い標高7～5mの福江面Ⅱが形成された。

仮説　2万年前の最終氷期に海面が-120mにまで低下し、太平洋側の海岸線は伊良湖岬南方約25kmまで後退した。地球規模の海退によって、伊勢湾口に東西に並ぶ伊良湖岬や神島、答志島、菅島は、海抜200～250mほどの一続きの山地塊になった。伊勢湾も三河湾も全て陸化し、木曽三川や豊川・矢作川などの河川が伊良湖岬－答志島・菅島間にできた3本の侵食谷（渓谷）を通って、25km先の太平洋へと流れ出していた。

この最終氷期に天竜川上流部の赤石山脈では周氷河地形ができ、大量の岩塊が生み出されて山麓部の扇状地に堆積した。一方、天竜川の下流部は海面の低下により深く削られた。

最終氷期も終わり気温が温かくなるとともに雨量が増え、扇状地の礫層は下流へと押し流された。下流部では海面の上昇により河床勾配が緩くなり、上流から押し流されてきた砂礫が大量に堆積するようになった。河口部に堆積した膨大な量の砂礫は、沿岸流によって渥美半島先端へと運ばれ続けた。

海面が現在の-35m付近まで上昇すると、神島－答志島・菅島の2本の水道から伊勢湾内の最深部（-38m）にも海水が流入し始めた。海面が現在の-30～-25m付近まで上昇した時期に、天竜川河口から運ばれた砂礫が伊良湖水道と神島西の2つの海底谷を埋積し、一続きの平坦面ができた。渥美半島とつながっていた神島の南方の海岸線に天竜川から大量の海浜礫が沿岸流で運ばれた。この時期には伊勢湾内から太平洋へ流れ出す河川は、答志島・菅島の東側を流れる海底谷1本だけになった。この1本の侵食谷を流れる河川のために、天竜川の海浜礫は答志島や菅島方面にまで移動できなかった。

海面が-25mを越えると神島－伊良湖岬をつないでいた平坦面は、上昇してきた海水によって海面下に没した。さらに海面が上昇すると、伊良湖水道からも潮流が湾内に流入するようになった。流れの速い潮流の影響を受け、西へと流れていた沿岸流は、伊良湖岬沖から北東の伊勢湾内へと向きを変えた。天竜川系の海浜礫も伊良湖岬を回り北東へ運ばれるようになり、福江面Ⅱの伊勢湾側に-25m付近から礫層が堆積を始めた。海面上昇は6000年前の縄文海進まで続いた。縄文海進で礫層が標高2～3mにまで堆積を続け、西山砂礫堆が形成された。西山砂礫堆の下には、北東の三河湾内まで流れ込んだ潮流によって運ばれた天竜川系の海浜礫が25mもの厚さに堆積している。

西山砂礫堆の礫層が形成される同時期に、神島南方にまで運ばれていた天竜川系の海浜礫が、海面上昇とともに神島の汀線高度まで打ち上げられていった。その結果、神島の浜に天竜川系の硬砂岩の海浜礫が見られるようになった。一方、答志島と菅島は東側に深い海底谷があるため、最終氷期でも渥美半島側と切り離されていた。そのため、緑色片岩や泥質片岩などの2島の基盤岩が侵食されてできた海浜礫だけで2島の浜が形成された。

IV 地形・地質とくらし

18. ボーリングデータからわかる渥美半島の地震被害

昭和東南海地震1944田原柳町（愛知県公文書館蔵）

田原市街（1944.12.10 13：08 米軍撮影）

昭和東南海地震（1944年、M7.9）で倒壊した柳町（震度6）の証言と写真

「帰宅した児童を手分けして見回ることになり、小沢は柳町へ走った。県道（国道）南側の50m区間の商店、民家11軒が軒並みペシャンコだ。旭町でも5,6軒がつぶれている。1階部分がつぶれて平屋のようになった2階建ての長屋の屋根の上で、兵隊が7、8人群がり大騒ぎをしている。「中に女の子が2人埋まっているらしい」兵隊たちがツルハシを振り上げ、ガチンガチンと屋根をこじあけている。「見えたぞ」兵隊の1人が明るい声を上げた。しばらくして兵隊に抱きかかえられた幼い姉妹が穴から順番に姿を現した。2人はまるで土人形のようだ。安心したのか、2人は急に泣き出した。「よかった。よかった」見守っていた50人近い人がどよめいた」（中日新聞編1983・田原中部国民学校の小沢耕一先生の証言から）

下の空中写真は、米軍のB29偵察機が東南海地震の3日後に田原市街を偶然撮影したものである。船倉の船だまりと柳町11軒が倒壊し軍隊によって片付けられた所が白く写し出されている。

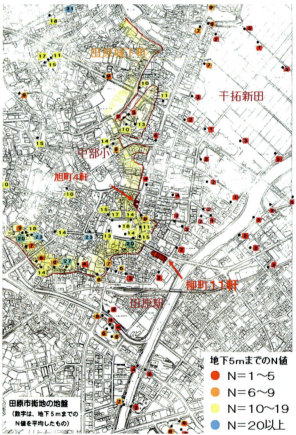

田原市街地の地盤
（数字は、地下5mまでのN値を平均したもの）

地下5mまでのN値
- ● N＝1～5
- ● N＝6～9
- ● N＝10～19
- ● N＝20以上

N値とは、土の硬さや締まり具合を表す単位で数字が小さいほど軟弱な地盤を示す。

田原市街地のN値と柳町・旭町の倒壊家屋の位置

地図の左上の赤色の曲線で囲った範囲は江戸時代の田原城下を示す。城下町は福江面の洪積層の上にありN値も10以上を示す。一方、東南海地震で家屋が倒壊した柳町11軒や旭町4軒は、汐川流域のN値が5以下の軟弱な沖積面にのっていた。古地図によると、江戸時代初めに新田開発が行われる以前には、田原城下まで干潟状の海が広がっていた。下図のボーリング柱状図を見ると、柳町を含む汐川流域では-8mにみられる基底礫層の上に泥質の極めて軟弱な干潟堆積物が厚く堆積していることがわかる。

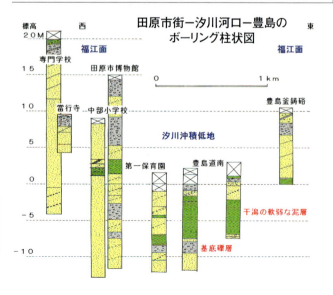
田原市街－汐川河口－豊島のボーリング柱状図

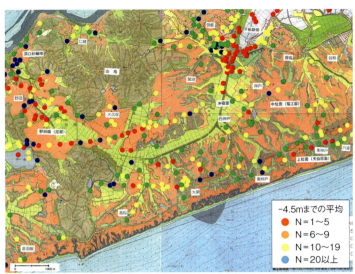

土地条件図とボーリングデータ
（『地理院地図』に加筆）

　田原湾に流入する汐川の沖積平野は、-5m以深に基底礫層が見られる。2万年前の最終氷期にできた開析谷の礫層の上に福江面からの砂泥が堆積し、N値が5以下の軟弱な地盤となっている。前述のように江戸時代に新田開発が進む前は、田原市街地の南まで干潟状の海が湾入していた。N値が5以下の地域は、12.5万年前に潟湖ができ、野田泥層が厚く堆積する野田面にも広く分布している。

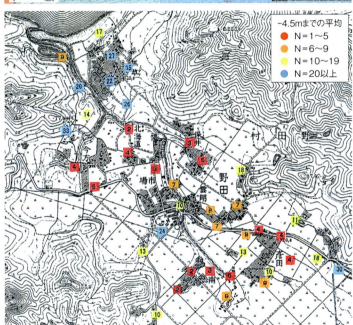

宝永地震における野田村の家屋の倒壊率とN値との関連（『鵜飼金五郎文書』から作成）

　野田村で倒壊率の高い今方・北海道・保井は、軟弱なシルト層の上にあり、砂礫層からなる東馬草の被害は少ない。

宝永地震（1707年）の野田村の被害	戸数（戸）	居住の倒壊		小屋の倒壊		ボーリング資料	
		倒壊（棟）	倒壊（％）	倒壊（棟）	倒壊（％）	平均N値	地質の様子
東 馬 草	68	5	7	5	7	31	砂礫
西 馬 草	41	21	51	33	80	22	砂礫
今　　方	46	39	85	62	135	4	シルト・細砂
北 海 道	45	33	73	53	118	3	シルト
保　　井	41	30	73	57	139	4	シルト・細砂
市　　場	49	27	55	35	71	8	砂礫・細砂
南方3村	202	60	30	120	59	9	シルト・細砂
合　　計	492	215	44	365	42	12	

馬草ー野田地区の地質柱状図

　標高16m前後の東馬草には、12.5万年前の海進期に野田湾の入口を閉ざすように湾口砂礫州が形成された。東馬草の海食崖にはこの時の礫層が厚く堆積しており、N値が高くなっている。

　標高10m前後の北海道ー彦田には湾口砂礫州で閉ざされた潟湖が広がっていた。貝化石や植物遺体の入った軟弱な野田泥層が20m以上の厚さで堆積している。軟弱地盤の上にある今方・北海道・保井の3地区ではトラックが近くを通るだけで家屋が揺れるという。こうした堆積環境の違いが、宝永地震における野田村の各地区の家屋の倒壊率に大きく影響している。

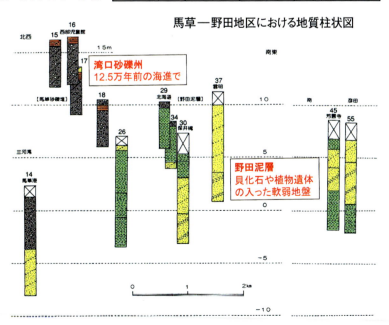

馬草ー野田地区における地質柱状図

IV 地形・地質とくらし

19. 古文書に見られる宝永地震の表浜集落の津波被害と海食崖との関係

渥美半島を襲った過去の巨大地震
- 宝永地震　　　（1707年、M8.6）　震度6~7　津波の高さ…表浜 6~7m　田原 4~5m
- 安政東海地震　（1854年、M8.4）　震度6　　津波の高さ…表浜 6~10m　田原 3~4m
- 東南海地震　　（1944年、M7.9）　震度6　　津波の高さ…表浜 1m　　田原 0.5m

　古文書に記された宝永地震の高さ6~7mの大津波の被害を整理すると下表のようになる。表浜一帯の海岸地形や当時の集落の位置によって、津波の被害状況が異なることが明らかになった。

湖西市	新居・白須賀・長谷	大津波が関所と宿場を直撃し、関所や集落が高所へ移転した。
豊橋市	細谷・小松原－伊古部・赤沢	海食崖下にあった集落や東観音寺等の寺社が流出し、海辺を通っていた伊勢街道が消失し、浜屋敷から高台の山屋敷へ移転した。
田原市	六連－伊良湖	地引網の漁具が流失したが、台地上の集落は大津波の被害はなかった。
	池尻村と堀切村	精進川河口の民家が被害、堀切の集落や田が跡形もないほど流失した。

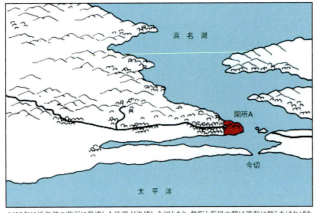

江戸時代初期(1607~1699) 関所A　　明応地震(1498年)　　江戸時代中期(1699~1707) 関所B　　宝永地震(1707年)

1498年に浜名湖の前面に発達した砂堤が決壊し今切となり、舞阪と新居の間は渡船に頼らなければならなくなった。江戸幕府は新居側の船着き場に関所Aを設け、不審者を取り締まった。

元禄12年(1699)の暴風により関所Aと新居の宿場が全滅したため、500mほど西の小高い兵陵地に宿場と関所Bを移転した。

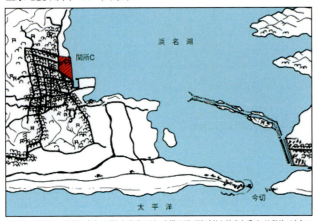

宝永地震以降(1708~) 関所C

関所をBに移した7年後の宝永地震と大津波により、宿場は再び壊滅的な被害を受け、地盤沈下を起こしたので、翌年には関所Cと宿場を移転しなければならなくなった。

新居の関所と宿場の移転 (渡辺1983から)

　1498年の明応地震の津波により浜名湖前面の砂堤が決壊し今切ができ、舞阪－新居の間は渡船に頼らなければならなくなった。1607年に江戸幕府は新居側の船着き場に関所Aを設けた。1699年の暴風により関所Aと新居宿は全滅し、500mほど西の小高い丘陵地に宿場と関所Bを移した。7年後の1707年に宝永地震が発生し、大津波により宿場は再び壊滅的な被害を受け地盤沈下も起きた。翌年には宿場と関所Cを高台に移転しなければならなくなった。

湖西市－豊橋市の海岸にあった集落の津波被害

　海食崖下にあった白須賀宿は、大津波の直撃により壊滅的な打撃を受け、北の台地上へ宿場を移転した。

　宝永地震以前の白須賀－赤沢海岸には、海食崖の下に半農半漁の集落が点在していた。前述のように、長谷元屋敷遺跡では宝永地震の津波堆積物とそれ以前の集落跡が発掘された。海崖にあった東観音寺は、宝永の大津波で大破し1.9km北の台地の上に移転した。

　宝永地震の大津波を契機に、海岸の浜屋敷から台地上の山屋敷への移転が続き、浜屋敷は完全に放棄された。

（湖西市教育委員会提供）

田原市六連海岸の津波被害

　田原市六連以西は標高60～10mの切り立った海食崖が高さを下げながら先端の伊良湖岬へ続く。半農半漁の集落が海食崖上にあった田原市では、豊橋市のように大津波による集落の直接の被害記録はなく、地引網や漁船等の流出が主な被害として記録されているにすぎない。

池尻村の津波被害（三河港務所提供）

　海食崖を切って太平洋に流れる池尻川の河口（現在の赤羽根漁港）の低地は、大津波の被害をしばしば受けた。宝永地震の大津波では、池尻の川筋の村が大破した。安政東海地震でも池尻川の支流の精進川を大津波が遡った。池尻下りでは床上浸水し、辨天社が高さ10mの高波で流出した。

（田原市役所提供）

砂浜の上にあった堀切村の被害津波

　浜名湖西岸から続く海食崖が堀切海岸で砂浜の下に消える。標高4.5～5mの砂浜の上に堀切の集落が集まっていた。海食崖のない堀切村では、大津波のたびに家屋や田畑が呑み込まれ、集落跡も残らないほどの被害にあっている。下に江戸時代の2度の大津波による堀切村の被害の様子を記す。

　1707年の宝永地震により発生した高さ6～8mの津波に襲われた堀切村では、民屋30余軒が流出し2人が流死した。老若ことごとく城山へ逃れた。

　1854年の安政東海地震でも高さ6～8mの津波に襲われた西堀切村では、村中が常山（城山）に駆け上ったが、233軒中113軒が流出し、8人が亡くなり60人がけがをした。田地一円が土砂で埋まり地境が分からなくなった。東堀切村も68軒中4軒が流失し、流失同様の家も13軒あった。

Ⅳ 地形・地質とくらし

20. 渥美半島の地形と耕地整理との関わり

　野田地区の平坦面と泉地区の段丘面は、いずれも12.5万年前の海進で形成された中位面（福江面）である。野田面は周囲を山地で囲まれた標高12mほどの盆地状の谷底平野である。野田面は貝化石や植物遺体を多く含んだ野田泥層が20m以上の厚さで堆積しており、渥美半島では特異な地形・地質といえる。
　泉地区には標高15〜20mほどの東西2つの段丘面が広がり、天竜川系の海浜礫が20〜30mもの厚さで堆積している。泉地区の段丘面と野田面の馬草側の標高16mほどの湾口砂礫州は同時期に形成された地形面である。

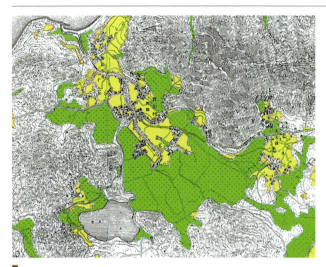
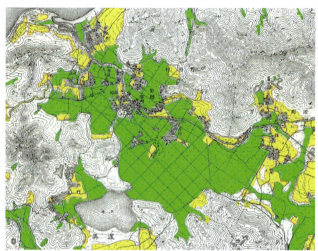

明治時代に行われた野田面の耕地整理　標高12mほどの野田面を流れる今池川の開析谷は深さが5〜7mもあり、今池川から水田に取水することが困難だった。このため野田村の水田（緑色）の水源は周囲の山地につくった芦ヶ池などの溜池に頼った。耕地整理（1906-11年）前には左図のように、中央部や今池川の北側は十分な水が得られないために畑地（黄色）が広がっていた。
　耕地整理後（右図）では、芦ヶ池の堤防を73cm嵩上げして池の水位を上げ、用水路を今池川北側にまで延長することにより、野田村全域で稲作が可能となった。農道と用水路により区切られた1反歩（約10a）の水田が整然と広がる稲作地帯に生まれ変わった野田村は、1910年に内務大臣から模範村として表彰された。

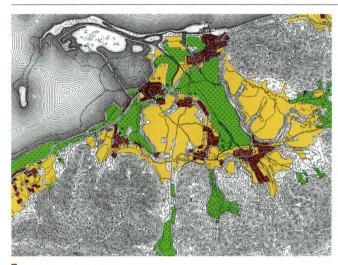
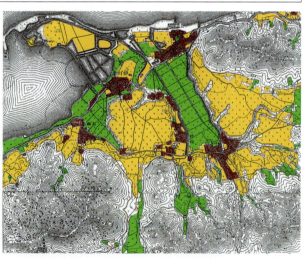

泉地区の湿田の乾田化　三方を山地で囲まれた泉地区は、標高15〜20mほどの東西2つの海浜礫層からなる段丘面が広がる。江比間－八王子は標高1〜2mの谷底平野が入り込んでいる。この三河湾側に開けた谷底平野は縄文海進時に北側が湾口砂礫州により閉ざされて小さな潟湖になっていた。湖底には厚さ30〜80cmの黒色泥層が堆積した。「泉」の地名のように泉地区は、周囲の山地からの伏流水が段丘崖の至る所で湧き出し、谷底平野は極めて湿潤な深田になっていた。1909年に段丘崖に沿って東西2本の河道（今堀川と新堀川）を掘削し、さらに中央に一直線の悪水路を設けるなどの排水路の整備工事が進められ、湿田の乾田化と耕地整理が図られた。

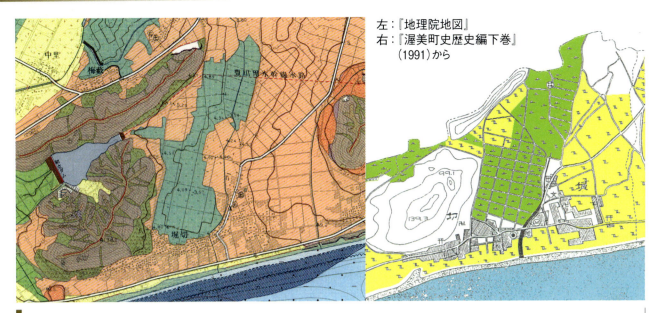

左:『地理院地図』
右:『渥美町史歴史編下巻』
　(1991)から

堀切の後背湿地の排水工事　国土地理院の「沿岸海域土地条件図」では、堀切の城山（標高138m）の東側には南北2km、東西0.5kmの後背湿地が見られる。後背湿地の標高は3m前後で厚さ10mほどの泥層が堆積する。1909～13年に後背湿地に広がる湿田の農道や側溝が整備され、湿田の水を堀川から太平洋へ排水した。

　1977～83年に米の減反政策を受けて県営ほ場整備事業が実施され、田90.1ha・畑26.2haを田27.0ha・畑82.0haに転換した。現在では温室が建ち並び、かつての水田風景は一変している。

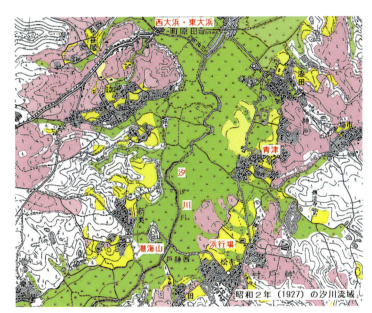

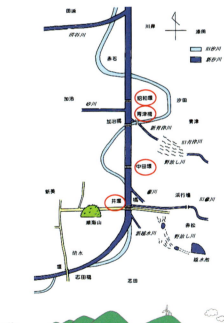

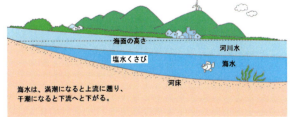

汐川の河川改修　長さ8.9kmの汐川は太平洋岸の高松から田原湾に流れ、河口には汐川干潟が広がる。汐川下流の沖積平野は江戸時代の開発前には干潟状の海が奥まで入り込み、東大浜・西大浜、青津、浜行場などの海に関連する地名が今も残っている。潮海山付近の水田の標高は3mほどで塩害をしばしば受けていた。

　右上の図は、1927～35年に実施された神戸村の汐川の改修と水田の区画整理事業のために作成された『汐川旧川と改修本川境界図』をトレースしたものである。汐川の蛇行が直線化され、本流4か所に堰が設けられた。田植えの時期になると堰に板がはめ込まれ、水田への給水と満潮時の海水の遡上を防ぐ働きをしていた。

【解説】　川底が海面より低い河川の河口部では、満潮時に河川水の下を海水がくさび状に遡上するので<u>塩水くさび</u>と呼ばれる。塩分の高い河川水が農業用水に混入すると作物に悪影響を与えるので、堰などで塩水くさびの遡上を押さえ込む対策がとられる。

IV 地形・地質とくらし

21. 伊能大図に描かれた水中洲と田原湾の干潟

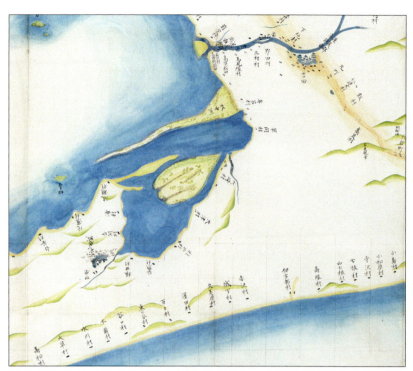

伊能大図（1803年）に見られる奇妙な「水中洲」（国土地理院）

伊能忠敬の作成した三河湾（116号全図）の大図には、田原湾の大崎村と大津村（現老津）の地先にグローブのような中洲が描かれ、さらに豊橋の牟呂海岸から西方の姫島に向かって細長い奇妙な形のものが直線状にのび、「水中洲」と記されている。長さも8km以上で大洲崎の2倍もあり、海底砂州にあたると考えられる。

渡辺崋山のスケッチにもある「水中洲」（田原市博物館蔵）

30年後の1833年に渡辺崋山が田原湾をスケッチしている。「笠島山上ヨリ見ル。ヨシ田・六条□□、大津ノス、大ス」等の地名が書き込まれ、「四月十四日午時ソコリ」と日時が記されている。旧暦の14日は満月前日、午時は現在の正午、ソコリは大潮の干潮時をさす。さらに六条方面からのびた水中洲らしきものが描かれ、「此洲現レテカラ三カ月ナリ」と説明書きもある。

「三河国全図」の六条潟

伊能大図の水中洲は、明治12年（1879）の「三河国全図」を見ると、豊川河口左岸に広がる六条潟とよばれる広大な干潟の一部が現れたものであることがわかる。

六条潟には豊川から供給された粗い砂粒が堆積している。六条潟一帯は江戸時代から新田開発が進められてきた。明治26年に神野金之助は高潮で破壊された毛利新田を買い取り、多くの困難を克服して明治29年に総面積1,100haの神野新田を完成させた。

昭和40年（1965）からの三河港神野ふ頭の造成工事によって六条潟は縮小したが、現在でも全国有数のアサリ稚貝の発生地にもなっている。

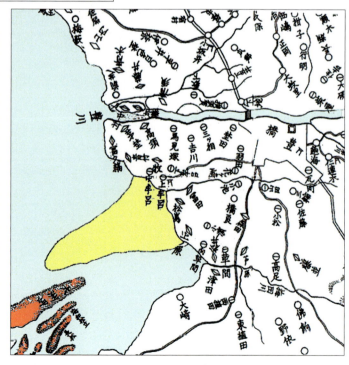

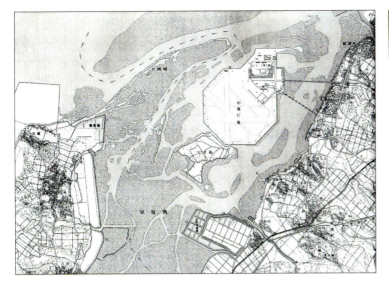

1969年の田原湾の地形図
（国土地理院1：25000の地形図）

　地形図から干潟と澪（みお）の関係がわかる。田原湾内には中洲を埋め立てた正八角形の旧海軍飛行場跡があり、西側の波瀬の地先には1967年から始まった埋立地が現れ、大洲崎は砂利採掘により糸のようにやせ細っている。湾内に干潟（網掛けの部分）が広がる。干潟の中を曲がりくねっているのが、汐川や紙田川の河口から続く澪筋で、小型漁船の航路に使われていた。旧飛行場の東と西を通る澪の引き波が、大洲崎先端の竜江でぶつかり合い激しい潮流に変わった。大洲崎を取り巻くように竜江で大きく折れ曲がった深さ7〜10mの澪が豊橋市と田原町の旧境界線であり、名古屋港へ向かう砂利運搬船の航路になっていた。梅田川河口から六条潟（水中洲）が西へのび、澪を挟んで三河湾側には豊川の砂礫が堆積し、大洲崎は天竜川の海浜礫の終着点になっている。

田原湾の開発（2018年の Googleマップから）　江戸時代から田原湾沿岸は干潟の新田開発が進められた。豊川用水の前身計画である1930年の『渥美八名二郡大規模開墾計画地区平面図』には、田原湾の大規模な干拓が含まれていた。戦前の1939〜43年には大津島一帯に豊橋海軍飛行場が建設された。田原湾内の2,000haの干潟はノリとアサリの全国的な産地であったが、昭和40年代に愛知県と地元漁協の間に漁業補償が妥結されるとともに、埋立造成工事が始まり臨海工業地域へと変貌した。その後の自然保護運動により汐川河口280haの干潟が残された。

眞木定氏（84歳）に大洲崎について取材

　大洲崎の砂利は「天竜バラス」と呼ばれ、10cmくらいからザラメ大までであり、煎餅のように平たく薄かった。戦後の復興期にコンクリートの骨材として需要が高まった。最盛期には4〜5隻の砂利採取船が水深6〜7mまで掘った砂利を運搬船に積み込み、20〜30隻の運搬船を使って名古屋まで往復していた。大洲崎は砂利採取用の水路が迷路のようになっていた。

　三河湾側の六条潟から大洲崎沖に広大な干潟がのびていた。大洲崎や田原湾内の中洲は天竜川系の硬砂岩が-10mくらいの深さまで堆積しているが、六条潟は豊川系の粗い砂や河川礫が堆積している。造成工事で姫島との間の三河湾を水深15mまでサンドポンプで浚渫した時に、白っぽい豊川系の火成岩がたくさん出た。

伊良湖海岸（左）と笠山付近（右）の硬砂岩礫

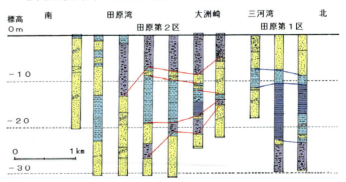

参考文献

*の付いた論文については、インターネットでも検索可能です。

* 『地理院地図』国土地理院「空中写真」「土地条件図」「色別標高図」「断面図」他
* 『地質図Navi』産総研（産業技術総合研究所 地質調査総合センター）「20万分の1日本シームレス地質図」
* 中島礼・堀常東・宮崎一博・西岡芳晴（2008）豊橋及び田原地域の地質、地域地質研究報告（5万分の1地質図幅）、産業技術総合研究所地質調査総合センター
* 中島礼・堀常東・宮崎一博・西岡芳晴（2010）伊良湖岬地域の地質 地域地質研究報告（5万分の1地質図幅）、産業技術総合研究所 地質調査総合センター
* 杉山雄一（1991）渥美半島－浜名湖東岸地域の中部更新統－海進－海退堆積サイクルとその広域対比、地調月報、vol.42
* 廣木義久・木宮一邦（1990）氷河性海水準変動に伴うバリアー嶋および海岸平野システムの発達：更新統渥美層群を例として、地質学雑誌、vol.96、No.10
* 島本昌憲・東野浩史・鈴木秀明・下川浩一・田中裕一郎（1994）愛知県渥美半島に分布する更新統渥美層群の地質年代と対比について、地質学雑誌、vol. 100
山内秀夫（1967）渥美半島南岸における海浜礫の分布傾向について、群馬大学教育学部紀要、第17巻
山内秀夫（1971）渥美半島先端部西浜海岸附近の地形と堆積物について（第1報）、群馬大学教育学部紀要、第21巻
鈴木和博・束田和弘・田中 剛（2009）愛知県田原市の蔵王山石灰岩から産出した後期三畳紀コノドント化石、名古屋大学博物館報告、No.25
* 黒田啓介（1958）渥美半島の洪積統層序並びに地質構造、地学しずはた16号
池田芳雄（1966）渥美半島東部の第四系について－主として礫の成熟度に関して－、名古屋地学22号
愛知県立国府高校（1967）渥美半島表浜の崩壊に関する研究
黒田啓介（1978）愛知県の地質ガイド8・渥美半島、コロナ社
菅谷義之（1984）東三河・台地のなりたち、鳳来寺山自然科学博物館、豊川堂
木村一朗・中尾宜民・鈴木義典（1985）愛知県渥美半島の更新統の14C年代と関連する層位学的問題、愛知教育大学研究報告（自然科学編）、vol.34
森山昭雄（2004）伊勢湾・三河湾の海底地形、とくに湾口部の海釜と砂堆地形、愛知教育大学研究報告（自然科学編）、53巻
* 吉田英一・松岡敬二（2007）高師小僧の形成メカニズム、とよはし高師小僧フェスタ報告書、豊橋市自然史博物館
田原市埋蔵文化財調査報告書、第6集（2013）
小野田勝一（1982）夕古窯址群、赤羽根町教育委員会
小野田勝一他（2003）惣作古窯跡群（II）、田原町埋蔵文化財調査報告書、第11集
増山禎之他（2007）宮西遺跡調査概要報告書、田原市埋蔵文化財調査報告書、第2集
赤羽一郎（2010）渥美と常滑－陶土にこだわる－
愛知県史別編・窯業3・中世・近世・常滑系（2012）愛知県史編さん委員会
伊藤郷平（1952）渥美半島の農業地域構造（第2報）表浜の乏水性と飲料水源の類型、愛知学芸大学
鈴木啓之（1956）渥美半島表浜の集落、田原市博物館研究紀要、第4号（2009収録）
愛知県渥美町企画室（1963）地質、地下水等に関する調査結果

山田もと（1981）水の歌、小峰書店
愛知県史編さん専門委員会民俗部会（2003）愛知県史民俗調査報告書6渥美・東三河
井田哲治（2009）見えない巨大水脈 地下水の科学、日本地下水学会、講談社
* 大林みどり・河合孝枝・片山新太（2012）硝酸性窒素による地下水汚染に対する浄化法の検討、愛知県環境調査センター所報40
石川定（1967）愛知県赤羽根漁港水利模型実験報告・中間協議会資料 愛知県（未発表）
全国海岸協会（1981）海岸－30年のあゆみ－
赤羽根町治山事業の歩み（1966）
* 松岡敬二・藤城信幸・渡辺幸久（2017）渥美半島の太平洋岸にある岩礁、愛知大学綜合郷土研究所紀要、第62輯
渡辺和敏（1983）改訂 街道と関所－新居関所の歴史－、静岡県浜名郡新居町教育委員会
中日新聞社会部編（1983）恐怖のM8・東南海、三河大地震の真相
清田治（2003）渥美半島における嘉永東海地震の実状－現存する災害記録から－渥美町郷土資料館研究紀要第7巻
* 阿部朋弥・白井正明（2013）愛知県渥美半島の沿岸低地で見出された江戸時代の津波起源と推定されたイベント堆積物、第四紀研究52
社団法人東三河地域研究センター（2012）東三河津波歴史調査研究業務報告書、東三河地域防災研究協議会
建設省計画局愛知県（1963）愛知県東三河地区の地盤（都市地盤調査報告書、第4巻）
『渥美郡史』（1923）愛知県渥美郡役所
『渥美の地理』（1949）渥美郡新教育研究会、原田屋書店
『豊川用水史』（1975）豊川用水研究会・水資源公団、愛知県
『赤羽根の古文書・近代史資料』（2005・2006）赤羽根町史編さん委員会
『渥美町史：現代編』（2005）渥美町町史編さん委員会
藤城信幸（1984）渥美半島の水環境－井戸とタタキの分布と地形・地質との関係、研究報告集第1号、日本建築学会東海支部
藤城信幸（1986）渥美半島の水問題、教育科学社会科教育、No.278、明治図書
藤城信幸（1990）水不足の洪積台地－渥美半島のタタキ（貯水槽）のはたらき、－面白地学シリーズ⑤親と子の地球タイムトラベル・東海号、風媒社
藤城信幸（2006）伊良湖の地質と地形発達史、伊良湖誌
藤城信幸（2008）渥美半島表浜の海食崖の形状に関する一考察、渥美半島の表浜集落における宝永地震の被害状況と海食崖との関係、『鵜飼金五郎文書』に記された宝永地震による野田村の被害と地盤との関係、田原市博物館研究紀要、第3号
藤城信幸（2009）赤羽根地区の地形とくらしの変化、田原市博物館研究紀要、第4号
藤城信幸（2011）渥美半島先端の西山地区に豊富に存在する地下水の謎に迫る、江比間集落の井戸水の塩水化の原因を探る、田原市博物館研究紀要、第5号
藤城信幸（2013）12万年前の海進期における渥美半島中央部の福江面の形成について、田原市における1944年の昭和東南海地震の被害状況について、田原市博物館研究紀要、第6号

おわりに

　最後まで本書をお読みいただき、ありがとうございました。地形・地質という視点から渥美半島のさまざまな事象を解説したつもりですが、いかがでしたでしょうか。48ページという限られた紙面のために、筆者の意図や思いを十分に伝えきれなかった個所もあったかと思いますし、専門用語に戸惑われた方も多くみえたのではないかとも考えます。

　私が地形調査について指導をしていただいたのが、愛知教育大学の森山昭雄先生でした。1976年にハンマーと地形図を携えて渥美半島の東部地域で露頭を探しては、フィールドノートに記録し地形面分類図を作成して、この地域の地形発達史について卒業論文にまとめました。この時に地形学や調査研究のおもしろさを体感し、渥美郡の小中学校に勤務する傍らライフワークの一つとして渥美半島の地形・地質に関わるデータを少しずつ集めてきました。

　その間、池田芳雄先生や小野田勝一先生から渥美半島の地学関係の原稿依頼をいただき、松井貞雄先生には社会科副読本の執筆を通して地理的な見方を指導していただきました。

　1982年から2年間、豊橋技術科学大学の堀越哲美先生たちの『やしの実会』に入り、越戸から久美原までの表浜の農家をまわり井戸とタタキの聞き取りをするなど、20代後半は井戸とタタキの調査を中心に取り組みました。鈴木啓之先生からも助言をいただき、井戸と渥美層群との関連についてまとめ、研究会で発表することもできました。この頃に表浜集落における宝永地震の津波の被害記録を集めて整理し始めていましたが、田原中学校への転勤を契機に授業研究が中心になり、これまでの地形・地質調査は次第に休止状態になっていきました。

　渥美半島を襲った宝永地震（1707年）から数えて300年目にあたる2007年に、宝永地震の津波被害と海食崖との関係をまとめなければと思い立ち、20数年前の資料を探し出して、家屋倒壊とボーリングデータを加えた地震・津波に関する3編の論文を書き、2008年3月に田原市博物館研究紀要に発表しました。ちょうど3年後の2011年3月に東日本大震災が発生したために、防災意識が高まり、渥美半島の過去の地震・津波災害に関する講演依頼が続きました。

　退職までの7年間は、夏休みを利用して渥美半島の地形発達史と地震・津波災害、地下水との関係、海岸侵食等についてまとめて研究紀要に載せていただきました。退職後は『田原・赤羽根史・現代編』の農業分野の編集委員の委嘱を受け、「昭和30年からの渥美農業」や「近藤寿市郎と豊川用水」についても講演する機会もいただきました。

　北海道大学を退職されて郷里の豊橋市に戻られていた平川一臣先生から、2017年1月に「これまでの研究成果を集大成として残してはどうか」というご助言をいただき、その後もご指導を受けてきました。社会科教師として渥美半島に向き合ってきた40年間の地域研究を、ほぼ1年かけて何とかこのような形にまとめることができました。

　土木研究センターの宇多高明室長、豊橋市自然史博物館の松岡敬二館長、考古学研究の安井俊則氏からは専門的なアドバイスをいただきました。田原市役所、三河港務所、水資源機構、田原市博物館の増山禎之氏や天野敏規氏、成章高等学校の林哲志先生などからは貴重な資料の提供を受けました。また、田原鉱山の原園所長、壽鉱山の河合会長、渥美窯の大島氏、和地町の青山氏、赤羽根町の鈴木氏、浦町の眞木氏ほか、地元の多くの皆様には取材に快く応じていただきました。㈱シンプリの山本真一氏には発刊に向けてご尽力いただきました。

　刊行にあたり神野教育財団からの助成を受けています。このように、さまざまな人々のご支援とご協力、ご教授などをいただきながら、ダイジェスト版にまとめ刊行させていただくことができました。ここに改めて感謝申し上げます。

藤城　信幸

【著者紹介】

藤城 信幸（ふじしろ　のぶゆき）

1954年、現在の愛知県田原市に生まれる
愛知教育大学地理学教室で地形学について学ぶ
社会科教師として渥美郡内の小中学校8校に勤務
2015年に田原市立和地小学校長を最後に定年退職
現在、田原市教育委員会の共育コーディネーター

図説 渥美半島 地形・地質とくらし

2019年1月11日	初版第1刷発行	定価：本体1,200円（税別）
3月16日	第2刷発行	
2020年3月26日	第3刷発行	
2022年2月5日	第4刷発行	

著　者＝藤城 信幸

発行者＝山本 真一

発行所＝シンプリブックス（株式会社シンプリ）

　　　〒442-0821 豊川市当古町西新井23番地の3
　　　Tel. 0533-75-6301　Fax. 0533-75-6302
　　　https://www.sinpri.co.jp

ISBN978 4 908745-05-8　C0244